世界当代园艺设计 1000 例

世界当代园艺设计 1000 例

[英] 伊恩·拉奇　杰拉尔·拉奇　著

种道玉　译

中国建筑工业出版社

著作权合同登记图字：01-2012-0912号

图书在版编目（CIP）数据

世界当代园艺设计1000例／（英）拉奇等著；种道玉译. —北京：中国
建筑工业出版社，2012.7
ISBN 978-7-112-14191-3

Ⅰ.①世… Ⅱ.①拉…②种… Ⅲ.①园林设计-作品集-世界-现代
Ⅳ.①TU986.2

中国版本图书馆 CIP 数据核字（2012）第089254号

Text © 2011 Ina Rudge and Geraldine Rudge

Translation © 2012 China Architecture and Building Press

This book was designed and published in 2011 by Laurence King Published Ltd.,
London. This Translation is published by arrangement with Laurence King Publishing
Ltd. For sale/distribution in The Mainland (part) of the People's Republic of China
(excluding the territories of Hong Kong SAR and Taiwan Province) only and not for
export therefrom.

本书由英国 Laurence King 出版社授权翻译出版

责任编辑：程素荣　陈　皓
责任设计：陈　旭
责任校对：肖　剑　陈晶晶

世界当代园艺设计 1000 例

[英] 伊恩·拉奇　杰拉尔·拉奇　著、

种道玉　译

*

中国建筑工业出版社出版、发行（北京西郊百万庄）
各地新华书店、建筑书店经销
北京嘉泰利德公司制版
北京方嘉彩色印刷有限责任公司印刷
*

开本：889×1194 毫米　1/20　印张：$18^2/_5$　字数：300 千字
2012 年 10 月第一版　2012 年 10 月第一次印刷
定价：98.00元
ISBN 978-7-112-14191-3
(22218)

目 录
Contents

导　言

　　无论在审美方面还是在使用方面，我们看待花园、屋顶平台、阳台或其他室外空间的方式，在过去的 20 年间发生了巨大的变化。本书的内容包含我们对室外空间观点的变化以及我们该如何使用和丰富这些空间。在北半球，气候的变化导致了气温升高变暖，因此我们不仅能够拥有更多的室外休闲时间，同时也为一些原先只在地中海气候下生长的植物提供了种植条件。景观设计师安迪·斯特金（Andy Sturgeon）认为，近年来可供种植的植物品种越来越多，这大大改变了我们外部空间的面貌。"1980 年代当我在做这样的工作时，"他说，"只能种植灌木和绣线菊，而现在植物的选择范围是很广的。"

　　似乎我们都在不断地提高园艺技能——如今我们都希望创作自己的作品，即使它只是窗台上的一盆香草，在城市中这样的做法变得越来越普遍。像业余园艺师这样的环保主义者最直接的行动就是使我们城市空间的绿化得到改善，有一些绿色主义者晚上偷偷地在没有绿化的公共空间种植植物。在我们的城市中，大量建筑物的立面被忽视了，这些可以被作为绿化空间来使用。法国植物学家帕特里克·勃朗（Patrick Blanc）是垂直花园的发明人，这是一套无土栽培装置，用有机植物覆盖光秃秃的混凝土或砖墙。"他们是唯一剩下的大面积区域，"他说，"这些从来没有被利用过的区域可以被有效地利用起来。"勃朗认为垂直花园不是一个"短暂的潮流"，他相信这在未来将变得愈加重要，垂直花园能够净化空气，同时为昆虫和其他自然生物提供重要的栖息地。

　　人们对室外空间兴趣的高涨，导致了室外产品的大量出现，并使之成为我们室内空间的延伸。尽管传统的材料和设计仍然占有一席之地，但是在本书中，例如质朴的长椅、希腊女神像这样的传统园艺设计和当代的设计特征存在很大的差异。如今我们意识到把室外生活空间作为额外的房间来使用具有潜在的可能性，这样的概念在 1990 年代初期设计快速发展的时候被提出。室外空间中配备有沙发、艺术品、休闲桌甚至落地灯，是室内空间的镜像，但是它们采用防水材料，其颜色、形式的大胆与活泼也与传统园艺设计相区别。这些室外房间配备齐全的烹饪、洗浴设施和完善的采暖、照明系统。我们对拉松·布鲁热斯（Lason Bruges）进行关于室外照明的采访时他说，"有机 LED 和激光的使用，将改变未来我们外部空间照明的方式。"

（上图）
狗舍
设计：AR Design Studio
公司：AR Design Studio，
英国
网址：www.
ardesignstudio.co.uk

（右图）
Vertigo 花盆
设计：Erwin Vahlenkamp
公司：EGO² BV，荷兰
网址：www.ego2.com

（上图）
**垂直花园，Alsace 的
街道**
设计：Patrick Blanc
公司：Vertical
Garden Patrick
Blanc，法国
网址：www.verticalga-
rdenpatrickblanc.com

（左图）
水景花园设计
设计：Paul Dracott
公司：Agave，英国
网址：www.adaveo-
nline.com

（左图）
泡泡秋千
设计：Stephen Myburgh
公司：Myburgh Designs，英国
网址：www.myburghdesigns.com

导 言

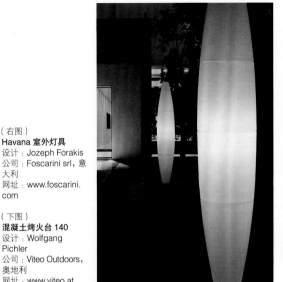

（右图）
Havana 室外灯具
设计：Jozeph Forakis
公司：Foscarini srl，意
大利
网址：www.foscarini.
com

（下图）
混凝土烤火台 140
设计：Wolfgang
Pichler
公司：Viteo Outdoors，
奥地利
网址：www.viteo.at

（上图）
木兰与松树之间
设计：Baumraum
公司：Baumraum，
德国
网址：www. baumr-
aum.de

（左图）
游戏场
设计：Sehwan Oh，
Soo Yun Ahn
公司：OC Design
studio, 韩国
网址：www. sehwan-
oh.com

（左图）
种子
设计：Ruth Moilliet
公司：Ruth Moilliet，英国
网址：www.ruthmoilliet.com

例如 Extremis 公司（比利时）、Viteo 公司（奥地利）和意大利的 Magis 公司、Serralunga 公司和 Driade 公司引导了为室外空间设计家具和灯具的方式。有的公司把他们的设计精力和专业知识放在了新一代的室外社交场所上面，他们的设计直接反映了我们生活方式的改变。Extremis 公司的迪克·韦南茨（Dirk Wynants）设计的 BeHive（2006，261 页），是一个宽敞的带有舒适软垫的室外圆形休息室，（大到足以舒适地容纳下十几人），设计中运用了弹性蹦床来增加体验感，以及一个帐篷来避免氛围被破坏，这个帐篷的设计是受到北非贝都因人御寒用帐篷的启发。Viteo 公司的"混凝土烤火台"（见对面图）同样为聚会所设计，一个低矮的、极简的混凝土方块和与之相匹配的长凳，可以为人们提供室外烹饪、取暖和倚坐等休闲形式。

设计师迈克尔·希尔格斯（Michael Hilgers）来自于柏林的设计公司 Rephorm，他的设计关注于一个特别的、易被忽视的外部空间——阳台。由于空间的狭小导致了创新的局限性，使得他倾向于从建筑师向产品设计师转变，他为这块狭小的空间进行了一系列的设计，包括具有创新性的节省空间的花盆、座椅、灯具、烧烤架，甚至还有固定在阳台栏杆上的烟灰缸。

纵观园艺历史，艺术一直是整个园艺设计的一个主要部分，但是在 20 世纪后期和 21 世纪初期，类似法国卢瓦尔河畔肖蒙（Chaumont-sur-Loire）的国际园艺节这样的重大活动，对园艺设计和装饰产生了重要的影响。每年园艺节期间，25 个花园的大部分空间的布置由不同领域的艺术家共同合作完成。他们的参与促进了更好的空间分割，并且推广和促进了更多针对室外种植和艺术的概念研究。帕特里克·勃朗正是这样一个参与者，他的作品推动了园艺节的发展。

不光我们的花园发生了变化，我们与室外空间的关系也发生了变化。我们采访过的许多设计师均谈到了技术发展带给我们的压力与日俱增，如移动电话、电子邮件、互联网等。如今，对于许多人来说，空间的限制和对健康生活的渴望意味着与以前相比我们愿意在室外花更多的时间，同时我们的社交方式也放缓了。我们需要舒适和安静，放松的、非正式的聚会是我们的需求，在那里我们可以休息和沉醉于音乐。"慢运动"提倡用适当的速度做事情，同时反对快节奏，这是一个越来越普遍的现象，同时也在影响着设计师的设计方式。实际上，"慢设计运动"正是对制造业中快速样机制作、快速渲染等生产方式的反向表现。

室外空间设计仍处于快速的发展时期，这个丰富的、多样的领域仍处于初期，而室内外设计师共同的参与和合作将会促使它在未来变得愈加成熟。

空间分隔及表面处理

Boundaries and surfaces

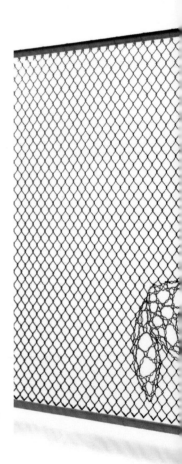

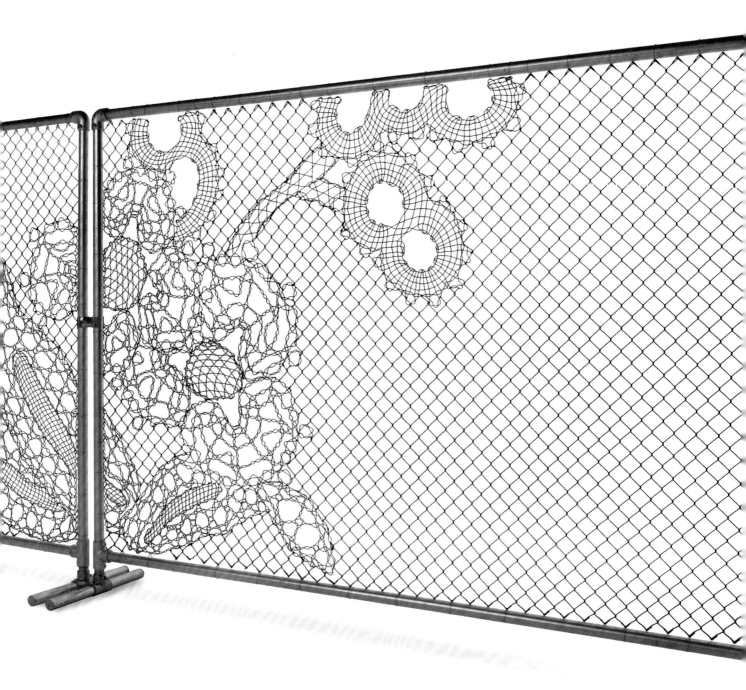

（上图）
雕塑围栏（Sure Start 中心，弗罗姆），Shilly Shally 围栏
设计：Walter Jack Studio
材料 / 工艺：喷涂不锈钢
高度：90cm（35in）
长度：50m（164ft）
公司：Walter Jack Studio with JT Engineering，英国
网址：www. walterjack.co.uk

（左图）
景观边界，花园围栏
设计：Robert Bet Figueras，Miguel Mila
材料 / 工艺：不锈钢
高度：37cm（14⁵/₈in）
宽度（一个单元）：65cm（25in）
公司：Santa & Cole，西班牙
网址：www.santacole.com

（左图）
遮蔽围墙，Talia 80
设计：Architects
Munkenbeck，
Marshall
材料 / 工艺：低碳钢板
条，热浸镀，聚酯纤
维粉末涂层
高度：120cm（47in）
宽度（一根）：
164.2cm（65in）
公司：Orsogril UK，
英国
网址：www.orsogril.
co.uk

（右图）
花园围栏，花园溪流
设计：Adam Booth
材料 / 工艺：热锻造低碳钢
高度：60cm（23in）
长度：40m（131ft）
公司：Pipers Forge，英国
网址：www.pipersforge.com

（上图）
**围墙和大门，石筐墙
和滑动钢制大门**
设计：Andrea Bell,
Senior Associate,
Pete Bossley
Architects 事务所
材料 / 工艺：
大门：电镀钢
围墙：电镀钢、石筐
填充河床石
高度（大门）：200cm
（78in）
宽度（大门）：
618.5cm（244in）
高度（围墙）：200cm
（78in）
宽度（围墙）：12m
（39ft）
公司：Peter Bossley
Architects，新西兰
网址：www.bossley-
architects.co.nz

（对面页）
**围墙，Hardi Fence®
EasyLock® 系统**
设计：James Hardie
Australia
材料 / 工艺：纤维混凝土
高度：180 或 240cm
（70 或 94in）
宽度：110.5cm（43in）
公司：James Hardie
Australia，澳大利亚
网址：www. James-
hardie.com.au

（上图）
围墙，Valla Sagrera
设计：Josep Muxart
材料 / 工艺：人造石（酸
蚀刻，防水处理）
高度：245cm（96in）
宽度：98cm（38in）
公司：Escohet，西
班牙
网址：www.escofet.
com

（右图）
入口，变形的门
设计：Walter Jack
Studio
材料 / 工艺：不锈钢
高度：400cm（157in）
宽度：300cm（118in）
公司：Walter
Jack Studio with
Springboard Design,
英国
网址：www.walterjack.
co.uk

（上图）
空间分割物，枝条
设计：Hsu-Li Teo，Stefan Kaiser
材料 / 工艺：木材，橡胶，玻璃纤维
高度：120、150、180 或 210cm（47、59、70 或 82in）
宽度：30 或者 25cm（11$\frac{3}{4}$ 或 9$\frac{7}{8}$in）
长度：60 或 50cm（23 或 29in）
公司：Extremis，比利时
网址：www.extremis.be

（上图）
折叠屏风，Tikibaq 室外
设计：Frank Lefebvre，Bastien Taillard
材料 / 工艺：喷漆不锈钢，漂流木
高度：180cm（70in）
宽度：212cm（83in）
厚度：90cm（35in）
公司：Bleu Nature，法国
网址：www.bleunature.com

（右图）
折叠屏风，Natsiq 室外
设计：Frank Lefebvre，Bastien Taillard
材料 / 工艺：喷漆不锈钢，旧木板
高度：160cm（63in）
宽度：170cm（66in）
厚度：27cm（10$\frac{5}{8}$in）
公司：Bleu Nature，法国
网址：www.bleunature.com

（左图）
屏风，Zin-cane
设计：Mark Mortimer
材料／工艺：竹材，木
材，优耐钢
高度：180cm（70in）
宽度：150cm（59in）
直径：6.5cm（2 $\frac{5}{8}$ in）
公司：Bambusero，
新西兰
网址：www.bambu-
sero.co.nz

（上图）
竹围墙，Kenninji
设计：Mark Mortimer/
Bambusero
材料／工艺：竹材，木材
高度：190cm（74in）
宽度：400cm（157in）
公司：Bambusero，
新西兰
网址：www.bambus-
ero.co.nz

（左图）
围墙，橡木板围墙
设计：Adam Poynton
材料／工艺：FSC 橡木
高度：183cm（72in）
宽度：183cm（72in）
公司：Quercus UK
Ltd，英国
网址：www.
quercusfencing.co.uk

（左图）
定制的格架
设计：Miranda
Beaufort, Jane
Nicholas
材料 / 工艺：软木喷漆
公司：The Garden
Builders，英国
网址：www.
gardenbuilders.co.uk

（上图）
栅栏，条状百叶窗
设计：Hillhout
Bergenco BV
材料 / 工艺：科莫防腐
处理的云杉，木板
高度：90cm（35in）
宽度：180cm（70in）
公司：Hillhout
Bergenco BV，荷兰
网址：www.hillhout.
com

（下图）
栅栏，Ideal 栅栏
设计：Hillhout
Bergenco BV
材料 / 工艺：科莫防腐
处理的云杉，板条
高度：180cm（70in）
宽度：180cm（70in）
公司：Hillhout
Bergenco BV，荷兰
网址：www.hillhout.
com

（右图）
栅栏，Perfo
设计：Hillhout Bergenco
BV
材料 / 工艺：科莫防腐处
理云杉，铝
高度：180cm（70in）
宽度：90cm（35in）
公司：Hillhout Bergenco
BV，荷兰
网址：www.hillhout.com

（右图）
**围墙，杉木贴面构架
覆盖**
设计：The Garden
Builders
材料/工艺：杉木板条
高度：160cm（63in）
公司：The Garden
Builders，英国
网址：www.garden-
builders.co.uk

（左图）
栅栏，百叶栅栏
设计：Hillhout
Bergenco BV
材料/工艺：科莫防
腐处理的云杉，木材
高度：180cm（70in）
宽度：90cm（35in）
公司：Hillhout
Bergenco BV，荷兰
网址：www.hillhout.
com

（左图）
**建筑金属制品，花园
围栏**
设计：Laidman
Fabrication
材料/工艺：不锈钢，
重蚁木
高度：244cm（96in）
公司：Laidman
Fabrication，美国
网址：www.laidman.
com

（上图）
栅栏，百叶栅栏
设计：Hillhout
Bergenco BV
材料/工艺：科莫防
腐处理的云杉，铝
高度：180cm（70in）
宽度：90cm（35in）
公司：Hillhout
Bergenco BV，荷兰
网址：www.hillhout.
com

（右图）
**房间隔断 / 花盆 / 灯箱，
Viteo 园艺墙**
设计：Gordon Tait
材料 / 工艺：塑料
高度：55cm（21in）
宽度：20cm（7⅞in）
长度：60cm（23in）
公司：Viteo Outdoors，
奥地利
网址：www.viteo.at

（上图）
圆柱花盆组合，藤架
设计：Ronan and
Erwan Bouroullec
材料 / 工艺：不锈钢，
尼龙，铸陶
高度：220cm（86in）
宽度：70cm（27in）
公司：Teracrea srl，
意大利
网址：www.teracrea.
com

（对面页）
模块化隔断，分隔物
设计：Fabio Bortolani
材料 / 工艺：高压层
合板
高度：165cm（65in）
宽度：80cm（31in）
厚度：38cm（15in）
公司：Teracrea srl，
意大利
网址：www.teracrea.
com

（左图）
**垂直园艺隔断，Coco
High Rise**
设计：Rush Pleansuk
（Gaspard）
材料 / 工艺：EDP 钢，
室外防锈粉末涂层
高度：157cm（62in）
直径：36cm（14⅛in）
公司：Plato，泰国
网址：www.platoform.
com

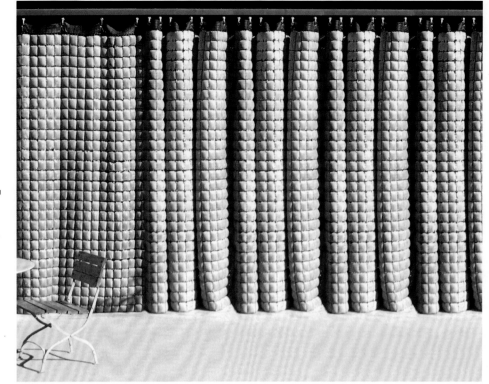

（右图）
**模块化混凝土帷幕，
混凝土帷幕**
设计：Memux,
Christine Pils
材料 / 工艺：混凝土，
不锈钢
高度（最大）：420cm
（165in）
厚度：2.5~3.5cm
（1~1$^3/_8$in）
公司：Oberhauser &
Schedler，奥地利
网址：www.oberha-
user-schedler.at

（上图和右图）
**模块化搁架，园艺收纳
搁架**
设计：INGFAH Patio
& Outdoor Furniture
材料 / 工艺：铸铝合金
高度：30cm（11$^3/_4$in）
宽度：98.5cm（39in）
厚度：30cm（11$^3/_4$in）
公司：INGFAH Patio
& Outdoor Furniture，
泰国
网址：www.ingfah.com

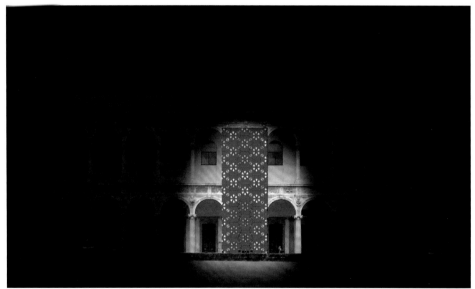

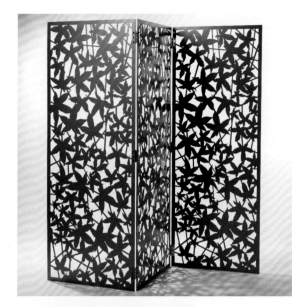

（上图）
独立式屏风/空间分隔，枫叶造型（三部分折叠）
设计：Jacqueline Poncelet
产品设计师：Paul Kerlaff
材料/工艺：粉末涂层铝
高度：195cm（76in）
宽度（折叠）：65cm（25in）
宽度（打开）：195cm（76in）
厚度（折叠）：5cm（2in）
公司：Paul Kerlaff，英国
网址：www.paulkerlaff.com

（上图）
墙，KUBRIC®
设计：Stefan Declerck
材料/工艺：金属，天然石材
高度：200 cm（78in）
长度（最大，一件）：580cm（228in）
公司：KUBRIC®，比利时
网址：www.kubric.eu

（上图）
钢制纤维围栏（空间分隔，阳台等），蕾丝围墙
设计：Jeroen Verhoeven，
Judith de Graauw，Joep
Verhoeven
材料／工艺：PVC 包裹金属线
公司：Custom-made Lace
Fence，荷兰
网址：www.lacefence.com
www.demakersvan.com

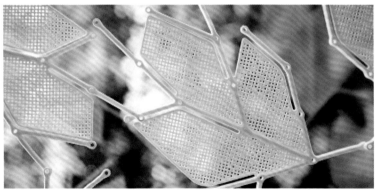

（上图）
装饰元素，Maria
设计：Luca Nichetto
材料／工艺：聚丙烯
高度：22.5cm（9in）
宽度：17cm（6³/₄in）
厚度：2.6cm（1in）
公司：Casamania，意大利
网址：www.casamania.it

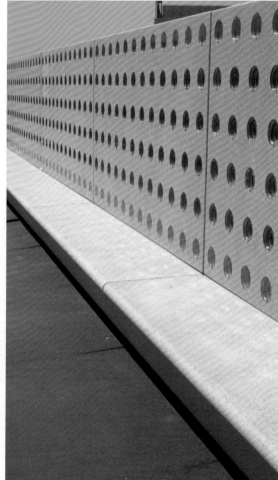

（右图）
带有长凳的模块化围墙，Murllum
设计：Jose Antonio Martínez Lapeña，Eliás Torres
材料 / 工艺：加固铸石（弱酸及防水处理）
高度：192cm（76in）
宽度（一个单元）：294cm（116in）
公司：Escofet，西班牙
网址：www.escofet.com

（上图）
雨水槽和围栏，1200L 独立式水墙
设计：Gail Davidson，Mitch O'Sullivan
材料 / 工艺：高密度聚乙烯
高度：180cm（70in）
宽度：36.5cm（14$\frac{3}{8}$in）
长度：240cm（94in）
公司：Waterwall International，澳大利亚
网址：www.waterwalltanks.com

（左图）
书架 / 空间分隔墙，收纳架
设计：Sean Yoo
材料 / 工艺：聚丙烯
高度：100cm（39in）
宽度：100cm（39in）
厚度：35cm（13$\frac{3}{4}$in）
公司：Casamania，意大利
网址：www.casamania.it

（左图）
花园围墙，堆叠式原木墙
设计：Antony Cox,
Chris Gutteridge,
Jon Owens
材料/工艺：伐木（各
类混合）
高度（大约）：180cm
（70in）
宽度（大约）：50cm
（19in）
长度（大约）：400cm
（157in）
公司：Second Nature
Gardens，英国
网址：www.secondna-
turegardens.co.uk

（右图）
模块化围墙组合，
Rampante
设计：Oscar Tusquets
材料/工艺：强化人造
石（酸蚀及防水处理）
高度：176cm（69in）
宽度（一个单元）：
195cm（76in）
公司：Escofet，西班牙
网址：www.escofet.
com

（左图）
蚀刻玻璃
蚀刻设计：David
Pearl
景观建筑师：Lan
Gray and Assocoates
材料 / 工艺：喷砂玻璃
厚度：1.5cm（$^5/_8$in）
公司：David Pearl，
英国
网址：www. David-
pearl.com

（上图）
玻璃墙
设计：Andy Sturgeon
Landscape & Garden
Design
材料 / 工艺：玻璃
公司：The Garden
Builders，英国
网址：www.garden-
builders.co.uk

（右图）
玻璃围栏，具备 Mergelock
系统的玻璃围栏
材料 / 工艺：玻璃，高质
量抛光不锈钢
各种尺寸
公司：Glass Fench，澳
大利亚
网址：www.glassfence.com

（左图）
钢化玻璃围栏
设计：Declan Buckley，
Buckley Design
Associates
材料／工艺：钢化玻璃，不
锈钢
公司：The Garden Builders，
英国
网址：www.gardenbuilders.
co.uk

（上图）
蚀刻玻璃围墙
蚀刻设计：David Pearl
景观建筑师：Lan Gray and
Associates
材料／工艺：喷砂玻璃
厚度：1.5cm（$5/_8$in）
公司：David Pearl，英国
网址：www. david-pearl.com

（上图）
外墙设计，室外墙纸
设计：Susan Bradley
材料 / 工艺：不锈钢
高度：400cm（157in）
宽度：200cm（78in）
厚度：1.5cm（$^5/_8$in）
公司：Susan Bradley
Design，英国
网址：www.susan-bradley.co.uk

（上图）
格架，生长 9 号
设计：Eva Schildt
材料 / 工艺：镀锌金属板，
表面煤粉涂层
高度：50cm（19in）
宽度：50cm（19in）
厚度：6cm（$2^3/_8$in）
公司：Flora Wilh. Förster
Gmbh & Co. KG，德国
网址：www.flora-online.de

（右图）
外墙设计，室外墙纸花纹
设计：Susan Bradley
材料 / 工艺：不锈钢
高度：100cm（39in）
宽度：57cm（22in）
厚度：1.5cm（$^5/_8$in）
公司：Susan Bradley
Design，英国
网址：www.susanbradley.
co.uk

（上图）
艺术格架，生长 55 号
设计：Stefan Diez
材料 / 工艺：粉末涂
层铝
高度：50cm（19in）
宽度：50cm（19in）
厚度：6cm（2³/₈in）
公司：Flora Wilh.
Förster Gmbh & Co.
KG，德国
网址：www.flora-online.de

（下图）
生命之墙 / 垂直花园，充满生机
设计：Freya Bardell，Brian Howe
材料 / 工艺：水喷射切割不锈钢，生长媒介，绿植，灌溉系统
高度：91cm（36in）
宽度：213cm（84in）
厚度：15cm（6in）
公司：Greenmeme，美国
网址：www.greenmeme.com

（上图）
拱门藤架，Nordfjell 系列
设计：Ulf Nordfjell
材料 / 工艺：电镀钢
高度：250cm 或 280cm（98in 或 110in）
宽度：200cm 或 240cm（78in 或 94in）
公司：Nola，瑞典
网址：www.nola.se

（上图）
艺术格架，生长 37 号
设计：Michael Koenig
材料 / 工艺：粉末涂层铝
高度：50cm（19in）
宽度：50cm（19in）
厚度：6cm（2³/₈in）
公司：Flora Wilh. Förster Gmbh & Co. KG，德国
网址：www.flora-online.de

（左图）
围墙组合，翼
设计：Michael Koenig
材料／工艺：粉末涂层铝
高度：160、205 或 250cm（63、80 或 98in）
宽度：125cm（49in）
厚度：63cm（24in）
公司：Flora Wilh. Förster Gmbh & Co. KG，德国
网址：www.flora-online.de

（上图）
太阳能设备，常春藤太阳能
设计：Samuel Cochran，Benjamin Howes
材料／工艺：
叶片：100% 可回收聚乙烯
太阳能电池：Tefzel® ETFE（氟乙烯树脂）包裹光电模块
结构：不锈钢网眼
公司：Variable dimensions SMIT，美国
网址：www.s-m-i-t.com

（右图）
楼梯，适用多地形的楼梯
设计：Hewitt Mfg
材料／工艺：铝
宽度：91cm（36in）
公司：Hewitt Lifts and Roll-A-Dock，美国
网址：www.hewitt-roll-a-dock.com

（右图）
幕墙，白云石之家
设计：JM Architecture
材料/工艺：硅
公司：Custom-designed JM Architecture with Coges，意大利
网址：www.jma.it

（下图）
室外纤维艺术，干草叉
设计：Deborah Sommers
材料/工艺：可回收聚酯纤维
高度：220cm（86in）
宽度：60cm（23in）
公司：d.garden collection，法国
网址：www.dgardencollection.com

（左图）
白色涂料，Allegria 小屋
设计：Meri Makipentti
材料/工艺：白色防水外墙涂料的 StoVentec T 系统木框架
公司：Sto AG，德国
网址：www.sto.com

33

（对面页）
垂直园艺，Alsace 的街道
设计：Patrick Blanc
材料／工艺：植物，金属框架，
PVC，毛毡
公司：Vertical Garden Patrick
Blanc，法国
网址：www.verticalgardenpa-
trickblanc.com

帕特里克·勃朗

如果这个法国男孩儿从没有对如何净化他的水族箱中的水产生兴趣，那么"垂直园艺"或者 mur végétal，赋予了它一个法语名字，将不会变成城市景观的一大特色。作为一个年轻人，帕特里克·勃朗（Patrick Blanc）没有想到他所做的研究有朝一日会成为垂直种植植物的载体。如今，勃朗是一个受人尊敬的植物学家，他在法国国家中心做科学研究，专门研究亚热带森林植物。

垂直园艺，勃朗发明的这个装置，是一个无土水栽培的系统，适用于很多植物种类，它是由金属框架、PVC 和非生物降解的毛毡组成，种植的时候用随着季节和元素而变化的有机物覆盖大面积的建筑表面，垂直园艺能将平凡的东西变得很生动，"当想到你可以用人造合成材料建造一个活的系统时总是很有趣的，"勃朗笑着说，"我所建造的垂直园艺是一个跟你在花岗石墙上所能看到的、具有一定厚度的苔藓覆盖层，那些植物的根就生长在这几毫米厚的苔藓层里。"

对于勃朗来说，美观是垂直园艺的第二大优势。他并没有把自己当做一个景观建筑师，尽管他做的东西总是艺术感极强，但是作为一个植物学家，他对于植物的研究具有很强的学术性。他到世界各处旅游，从澳大利亚到南美，研究并记录那些亚热带森林植物，在某种程度上说，垂直园艺仅仅是勃朗研究的一个副产物，但是它具有重要的生态价值：它能够改善空气质量，维持植物的生长，为野生动物提供栖息地和食物。

这个想法本身经历了一个相当长的孕育期，勃朗解释说，"大概是 1988 年，我在巴黎的科学与工业博物馆做了第一个设计，但是当时没有人对它感兴趣。"又过了 8 年，当勃朗的创新设计在颇具影响力的卢瓦尔河畔肖蒙（Chaumont-sur-Loire）的园艺节上展示时，引起了公众的关注。"这次恰好是在正确的时间和地点"他说，"每个人都开始意识到热带雨林正在消失，已经被破坏，并且我们也在思考气候问题。"

在 Blanc 的设计中，植物和艺术相互融合，"我使用了很多品种的植物，所以这个垂直园艺看起来像你在自然界中见到的悬崖或斜坡。我到过世界的很多地方，所有我将自然界中的植物的结构、叶子以及各种景象融合在了这个设计中。我研究了在雨林树荫下植物的生长习性，我知道当我把植物放到垂直园艺中，它

们将会怎样月复一月年复一年地生长，所以我可以将它们混合起来，我在研究植物的生长习性上花了不少精力。"

他的任何一个项目都会需要大量的植物，例如伦敦的雅典娜神庙酒店（2009 年），它包含了叶兰和亚洲荨麻等总共 260 个品种的植物，这些都不是随机种植的，而是根据它们在野外自然的生长习性进行设计。垂直园艺的优点是创造了各种不同植物的生息地，多种多样的生态环境被创造出来，在这些巨大的、有生命的画布上，光、影、风可以在不同时间不同地点产生。

似乎有越来越多的人开始关注园艺，更为关注的是城市空间的绿化。关于这一点，勃朗有他自己的看法，"如今，世界上大部分人口居住在城市中，远离自然，但是他们从网络、媒体等渠道越来越多地了解自然，所以随着全球变暖、环境污染、水藻污染这些问题的出现，人们越来越好奇过去的自然界是什么样子。"

"城市的空间被用来停放车辆，开商店等，"勃朗说，"目前仅剩的大面积空间是建筑物垂直外墙，这些区域是可以被利用的，但是它们从没有被利用过。垂直园艺并不是一个短暂的潮流，"他强调，"它所具有的意义更加深刻，并且在将来会越来越多地出现。"

（上图）
绿色屋面，野花草皮
设计：Coronet Turf/
Wild Flower Turf
材料 / 工艺：无土的野
花草皮（50% 野花种子，
50% 草种子）
每卷面积：1.25~40m²
（13¹/₂~430¹/₂ft²）
公司：Coronet Turf /
Wild Flower Turf，英国
网址：www.wildflowerturf.
co.uk

（上图）
绿色屋面，绿色植物屋面
设计：Josef Hunold
材料 / 工艺：石棉纤维
混凝土
公司：Eternit AG，瑞士
网址：www.eternit.ch

（右图）
生命之墙，银色的塔
设计：ELT SEA
材料 / 工艺：麦冬
高度：2m（6¹/₂ft）
宽度：10m（33ft）
厚度：7.6cm（3in）
公司：ETL EasyGreen，
加拿大
网址：www.eltlivingwalls.
com

（上图）
生命之墙
设计：Adrew Marson
材料／工艺：植物
高度：170cm（66in）
宽度：490cm（193in）
公司：Bespoke Gardens，
英国
网址：www.bespokegardens.
co.uk

（左图）
围墙，树篱
设计：Pexco
材料／工艺：PVC针状
物连接电镀金属丝
高度：122、152、183
或244cm（48、60、72
或96in）
公司：Pexco LLC，美国
网址：www.pexoc.com

空间分隔及表面处理

（上图）
室外地毯，草绿色
设计：Freek Verhoeven
材料 / 工艺：尼龙 / 聚氨酯
混合
各种尺寸
公司：C & F Design，荷兰
网址：www.
freekupyourlife.com

（上图）
室外地毯，Oscar
设计：Susan Bradley
材料 / 工艺：橡胶
宽度：68cm（26in）
长度：180cm（70in）
直径：66cm（26in）
公司：Susan Bradley
Design，英国
网址：www. susan-
bradley.co.uk

（右图）
室外地毯，多色条纹
设计：Freek
Verhoeven
材料 / 工艺：尼龙 / 聚
氨酯混合
各种尺寸
公司：C & F Design,
荷兰
网址：www.freekup-
yourlife.com

（左图）
塑料垫，4'×6' 狗图案
设计：Koko
材料 / 工艺：塑料
宽度：122cm（48in）
长度：183cm（72in）
公司：Koko，美国
网址：www.kokocompany.
com
网址：www.2Modern.com

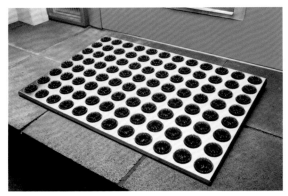

（上图）
门垫，Feet–back I
设计：Michael Rösing
材料 / 工艺：不锈钢，
塑料
厚度：1.9cm（$^3/_4$in）
宽度：39cm（15$^3/_8$in）
长度：58.5cm（23in）
公司：Radius Design，
德国
网址：www.radius-design.com

（右图）
地毯（室内外均可使用），MNML 101
设计：Eva Langhans
材料 / 工艺：聚酯纤维带
（100% 聚酯纤维）
厚度：约 1.5cm（$^5/_8$in）
宽度：140cm（55in）
长度：200cm（78in）
公司：Kymo，德国
网址：www.kymo.de

（上图）
地毯，人造草
设计：KC Carpet
Warehouse
材料 / 工艺：塑料，
"aqua" 衬底
宽度：200 或 400cm
（78 或 157in）
公司：KC Carpet
Warehouse，英国
网址：www.
kccarpets.co.uk

（右图）
塑料地毯，Vera
设计：Lina Rickardsson
材料 / 工艺：PVC
宽度：70cm（27in）
长度：225cm（88in）
公司：Pappelina，瑞典
网址：www.pappelina.com

（下图和右图）
视幻觉的室外活动空间，变形空间
设计：Thom Faulders Architect
材料／工艺：定制的着色优质防水胶合板地砖
宽度：701cm（276in）
长度：762cm（300in）
公司：Faulders Studio，美国
网址：www.faulders-studio.com

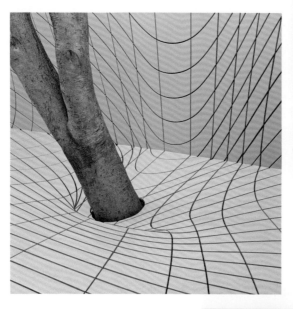

（右图）
地砖，无弹性室外橡胶地砖
设计：Dalsouple
材料／工艺：100% 可回收橡胶
宽度：50cm（19in）
长度：50cm（19in）
厚度：3cm（1\frac{1}{8}in）
公司：Dalsouple Rubber Flooring，德国
网址：www.dalsouple.com

（右图）
**模块化露天平台系统，
生态露天平台砖**
设计：Eco Deck NK Ltd
材料／工艺：硬木
公司：Eco Deck NK
Ltd，英国
网址：www.ecodeckuk.
com

（上图）
**景观墙，建筑三维饰面
的水平日式风格木板**
设计：Emily Brennan，
Sol Skurnik
材料／工艺：石灰石，
三维饰面和斑点胶合木
公司：Rock'n Stone
Australia P/L，澳大利亚
网址：www.rocknstone.
com.au

（上图）
露天平台和隔断
设计：Andrew Marson
材料／工艺：锯断和刨平
的黄胆木
公司：Bespoke
Gardens，英国
网址：www.bespokegar-
dens.co.uk

（上图）
**铺砌材料，蓝色石灰
石铺砌材料**
设计：Freya Lawson/
Heavenly Gardens
材料 / 工艺：蓝色石灰
石
厚度（切割尺寸）：
3cm（$1^1/_8$in）
宽度（切割尺寸）：
20cm（$7^7/_8$in）
长度（切割尺寸）：
60cm（23in）
公司：Ced Ltd，英国
Heavenly Gardens，
英国
网址：www.ced.ltd.uk
网址：www.heavenly-
gardens.co.uk

（上图）
**带有表面自洁功能
的混凝土铺砌系统，
Belpasso Premio**
设计：Has-Josef
Metten
材料 / 工艺：混凝土和
天然石材
宽度：15cm（$5^7/_8$in）
长度：15cm 或
22.5cm（$5^7/_8$in 或 9in）
公司：Metten
Stein+Design GmbH
& Co KG，德国
网址：www.metten.de

（右图）
**墙和铺路石，粗面褐
色滚磨石墙和铺路石**
设计：Ced Ltd
材料 / 工艺：双用途的
材料，可以作为宽度
10cm（$3^7/_8$in）、高度
为 6~8cm（$2^3/_8$~$3^1/_8$in）
的基础砌墙材料或宽
度10cm（$3^7/_8$in）、深
度6~8cm（$2^3/_8$~$3^1/_8$in）
的铺路石
长度均为 15~30cm
（$5^7/_8$~$11^1/_8$in）
公司：Ced Ltd，英国
网址：www.ced.ltd.uk

（左图）
瓷砖，Marazzi 的巨石阵
设计：Centro Stile Marazzi
材料 / 工艺：优质素彩瓷
宽度：30cm（ 11$^3/_4$in ）
长度：30cm 和 60cm（ 11$^3/_4$
和 23in ）
公司：Marazzi，意大利
网址：www.marazzi.it

（上图）
砂岩铺砌材料，砂岩系列
设计：Ced Ltd
材料 / 工艺：砂岩
宽度：40、60cm（ 15$^3/_4$、23in ）
长度：40、60 或 80cm（ 15$^3/_4$、
23 或 31in ）
公司：Ced Ltd，英国
网址：www.ced.ltd.uk

（右图）
**园艺景观 Corian®，2008
年（英国）皇家园艺学会
切尔西花卉展**
设计：Gavin Jones
Garden of Corian®
Philip Nash
公司：DuPont™ Corian®
DuPont™ Corian®，英国
网址：www.corian.co.uk

（右图）
**有渗透性的树脂铺
砌材料，花园之路**
设计：SureSet
材料／工艺：有渗透
性，树脂铺砌材料
厚度：6mm（¹/₄in）
公司：SureSet UK
Ltd，英国
网址：www.sureset.
co.uk

（左图）
装饰组合，特克斯麦克斯
设计：Ced Ltd
材料／工艺：100% 可回
收陶瓷
公司：Ced Ltd，英国
网址：www.ced.ltd.uk

（右图）
**平坦的卵石，绿色和
白色（Splash 花园）**
设计：Ced Ltd
花园设计：Lucy
Summers
材料／工艺：海滩卵石
公司：Ced Ltd，英国
网址：www.ced.ltd.uk

（右图）
黄色花岗石和大麦粒石英石
设计：Ced Ltd
花园设计：Lizzie Taylor
材料 / 工艺：黄色花岗石方石
和大麦粒石英卵石
（方石）10cm（3⁷/₈in）立方体
公司：Ced Ltd，英国
网址：www.ced.ltd.uk

（下图）
**玻璃卵石，灰色，中等尺度
的景观玻璃**
设计：ASG Glass
材料 / 工艺：玻璃
公司：ASG Glass，美国
网址：www.asgglass.com

（左图和上图）
**天然石材砖和外墙，棉兰木炭
色帝卵石**
设计：Island Stone Nature
Advantage Ltd
材料 / 工艺：天然石材
各种尺寸
公司：Island Stone Nature
Advantage Ltd，英国
网址：www.islandstone.co.uk

（上图）
**天然石材砖和外墙，古白色特
级卵石**
设计：Island Stone Nature
Advantage Ltd
材料 / 工艺：天然石材
各种尺寸
公司：Island Stone Nature
Advantage Ltd，英国
网址：www.islandstone.co.uk

（左图和下图）
**模块化自供电的 LED
发光露天平台和通道
系统，凯特之路**
设计：Alex Lorenz,
Luciana Misi,
Nathan Munk
材料 / 工艺：钢，聚
乙烯
按照 LED 发光电源芯
片模块化排列
凯特之路模块有 3 种
尺寸：
小：60cm×60cm
（24in×24in）
中：60cm×120cm
（24in×47in）
大：102cm×120cm
（47in×47in）
公司：MINIMIS，美国
网址：www.minim.is

（左图）
透光混凝土
设计：Aron Losonczi
Litracon®（透光混凝土）
宽度（最大块尺寸）：40cm
（15³/₄in）
长度（最大块尺寸）：120cm
（47in）
厚度：2.5~50cm（1~19in）
公司：Litracon Ltd，匈牙利
网址：www.litracon.hu

（左图）
天然石材砖和外墙，线型的烟灰色连锁玻璃
设计：Island Stone Nature Advantage Ltd
材料／工艺：天然石材
各种尺寸
公司：Island Stone Nature Advantage Ltd，英国
网址：www.islandstone.co.uk

（左图）
铺装材料，Hyperwave Stream
设计：Christian pongratz
Pietra di Venezia
高度：100cm（39in）
宽度：145cm（57in）
公司：Testi Fratelli，意大利
网址：www.testigroup.com

（上图）
天然石材砖和外墙，粗糙的 Himarchal 黑色外墙
设计：Island Stone Nature Advantage Ltd
材料／工艺：天然石材
各种尺寸
公司：Island Stone Nature Advantage Ltd，英国
网址：www.islandstone.co.uk

（上图）
瓷砖，Borgo Antico 酒店地面
设计：Mirage
材料 / 工艺：瓷砖
宽度：30cm（11$^3/_4$in）
长度：30cm（11$^3/_4$in）
公司：Mirage，意大利
网址：www.mirage.it

（上图）
天然石材砖和外墙，石英银色条状外墙
设计：Island Stone Nature Advantage Ltd
材料 / 工艺：天然石材各种尺寸
公司：Island Stone Nature Advantage Ltd，英国
网址：www.islands-stone.co.uk

（右图）
墙，弯曲边界的干石墙
设计：Richard Clegg
材料 / 工艺：定制石材
公司：Richard Clegg，英国
网址：www.richardclegg.co.uk

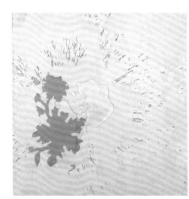

（左图）
玻璃马赛克碧莎图案，宝石绿色
设计：Jaime Hayon
材料/工艺：碧莎玻璃马赛克图案按模块销售
1个模块=36片=
129.1cm×290.5cm
（51in×114in）
公司：Bisazza SpA,
意大利
网址：www. bisazza.
com

（上图）
天然石材砖和外墙，石英银色板岩砖
设计：Island Stone
Nature Advantage
Ltd
材料/工艺：天然石材
各种尺寸
公司：Island Stone
Nature Advantage
Ltd，英国
网址：www.islandst-
one.co.uk

（左图）
玻璃马赛克碧莎图案，竹黑色
设计：Rene Gonzalez
材料/工艺：玻璃马赛克碧莎图案按模块销售
1个模块=36片=
129.1cm×290.5cm
（51in×114in）
公司：Bisazza SpA,
意大利
网址：www. bisazza.
com

（右图）
马赛克图案，Zante Bianco
设计：Carlo Dal Bianco
材料 / 工艺：玻璃马赛克
宽度（1 块）：2cm（$^3/_4$ in）
长度（1 块）：2cm（$^3/_4$ in）
公司：Bisazza SpA，意大利
网址：www. bisazza.com

（下图）
玻璃马赛克碧莎图案，花色
设计：Carlo Dal Bianco
材料 / 工艺：玻璃马赛克碧
莎图案按模块销售
1 个模块 =36 片 =129.1cm×
290.5cm（51in×114in）
公司：Bisazza SpA，意大利
网址：www. bisazza.com

（左图）
马赛克，Labyrinth White Gold
设计：Onix Design Group
材料 / 工艺：玻璃马赛克
宽度：2cm（$^3/_4$in）
长度：2cm（$^3/_4$in）
公司：Onix，西班牙
网址：www.onixmosaic.com

（下图）
墙 / 地砖，蕾丝浮雕砖
设计：Jethro Macey
材料 / 工艺：混凝土
宽度：30cm（11$^3/_4$in）
长度：30cm（11$^3/_4$in）
公司：The Third Nature，英国
网址：www.thethirdnature.co.uk

小动物及宠物用品

Wildlife resources

（上图）
鸟类喂食器，鸟类球状
花生喂食器
设计：Gavin and Kate
Christman
材料 / 工艺：陶瓷
直径：15.5cm（6$\frac{1}{8}$in）
公司：Green and
Blue，英国
网址：www.greenand-
blue.com

（左图）
鸟类喂食器，Eva Solo 鸟
类喂食器
设计：Henrik Holbaek,
Claus Jensen,
TooksDesign
材料 / 工艺：吹制玻璃
直径：20cm（7$\frac{7}{8}$in）
公司：Eva Denmark A/S,
丹麦
网址：www.evadenmark.
com

（上图）
鸟类喂食器，可折叠鸟屋
设计：Jesper Moller Hansen,
Dorthe Weis
材料 / 工艺：钢
高度：18cm（7in）
宽度：25cm（10in）
厚度：20cm（7⅞in）
公司：MoMA Retail，美国
网址：www.momastore.org

（下图）
鸟类喂食器，蛋形鸟类喂食器
设计：Jim Schatz
材料 / 工艺：手工抛光陶瓷，铝
高度：21.6cm（8½in）
宽度（底部）：19cm（7½in）
宽度（蛋形）：15.2cm（6in）
公司：J Schatz，美国
网址：www.jschatz.com

（左图）
鸟类喂食器，栖息处
材料 / 工艺：鸟类喂食器
设计：Amy Adams
陶瓷，植物鞣革
高度：12.7cm（5in）
直径：17.8cm（7in）
公司：Perch Design Inc，美国
网址：www.perchdesign.net

（下图）
面包板，鸟类喂食器
设计：Naama Steinbock，Idan
Friedman of Reddish studio
材料 / 工艺：木材
高度：16cm（6$\frac{1}{4}$in）
宽度：17cm（6$\frac{3}{4}$in）
长度：47cm（18$\frac{1}{2}$in）
公司：Reddish studio，以色列
网址：www. reddishstudio.com

（上图）
鸟类喂食器，Spuntino
设计：Dino Salvatico
材料 / 工艺：钢，塑
料泡沫，金属勺
高度：15cm（5$\frac{7}{8}$in）
厚度：12cm（4$\frac{3}{4}$in）
公司：Dino
Sallvatico，瑞士
网址：www.
dinosalva-tico.com

（左图）
鸟屋，Piep-show
设计：Ralph Krauter
材料 / 工艺：塑料，铝
高度：16cm（6$\frac{1}{4}$in）
宽度：30cm（11$\frac{3}{4}$in）
厚度：16cm（6$\frac{1}{4}$in）
公司：Radius Design，德国
网址：www.radius-design.com

（右图）
鸟屋，插枝
设计：Michael Hilgers
材料 / 工艺：可回收聚乙烯
直径：30cm（11$\frac{3}{4}$in）
公司：Rephorm，德国
网址：www.rephorm.de

（左图）
鸟类喂食器，巢型
设计：Susanne Augenstein
材料 / 工艺：不锈钢
高度：141cm（55in）
宽度：18cm（7in）
长度：12.5cm（4$\frac{7}{8}$in）
公司：Blomus Gmbh，德国
网址：www.blomus.com

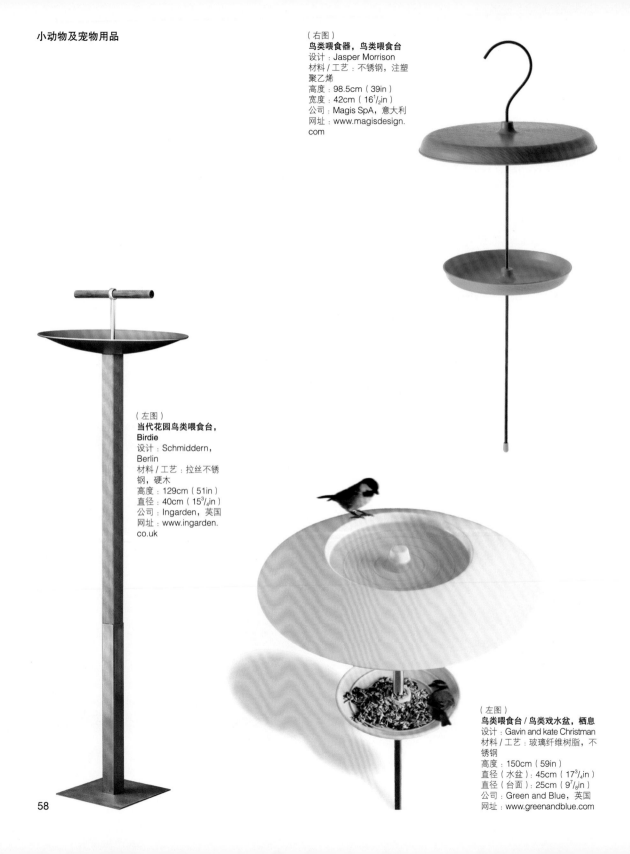

（右图）
鸟类喂食器，鸟类喂食台
设计：Jasper Morrison
材料 / 工艺：不锈钢，注塑聚乙烯
高度：98.5cm（39in）
宽度：42cm（16$\frac{1}{2}$in）
公司：Magis SpA，意大利
网址：www.magisdesign.com

（左图）
当代花园鸟类喂食台，Birdie
设计：Schmiddern, Berlin
材料 / 工艺：拉丝不锈钢，硬木
高度：129cm（51in）
直径：40cm（15$\frac{3}{4}$in）
公司：Ingarden，英国
网址：www.ingarden.co.uk

（左图）
鸟类喂食台 / 鸟类戏水盆，栖息
设计：Gavin and kate Christman
材料 / 工艺：玻璃纤维树脂，不锈钢
高度：150cm（59in）
直径（水盆）：45cm（17$\frac{3}{4}$in）
直径（台面）：25cm（9$\frac{7}{8}$in）
公司：Green and Blue，英国
网址：www.greenandblue.com

亨里克·霍尔克和
克劳斯·杰森

Tools Design公司的亨里克·霍尔克（Henrik Holbaek）和克劳斯·杰森（Claus Jensen）是获得最高荣誉的丹麦设计师，他们拥有200多项奖项和荣誉。"Eva Solo"产品系列中许多创新的设计作品体现了他们的才能，他们的长处在于掌控平凡的事物，把我们习以为常的日常用品，通过改善其功能以及注入当代设计的简约感来使它们重新获得活力。

这对极具创造力的设计搭档第一个使用硅材料制作防烫垫，他们还设计了光滑得可以从各个方向打开的垃圾桶，以及可延长盆栽植物寿命的花盆。杰森是哥本哈根丹麦设计学院毕业的工业设计师，亨里克则是建筑师出身，同时也是丹麦皇家艺术学院MDD的工业设计毕业生。他们自1989年开始合作，业务范围广泛，涉及电子产品、医疗器械和家居产品，之后他们开辟了新的设计领域，专门针对室外使用的产品进行设计。亨里克作为设计组合的发言人，Henrik Holbaek解释道："我们设计了大量室内使用的物品，现在我们正在为花园进行设计，花园快速地成为我们居室的延伸，我们把它当做另外一个房间，因此我们开始设计'室外的Eva Solo'系列产品。"

烧烤架、烧烤用具、咖啡机以及鸟类喂食器，鸟类戏水装置和鸟笼这些产品，完美地阐释出这对搭档的设计美学。改变传统鸟笼和喂食器的观念，不使用茅草覆盖的屋顶或者带有木瘤的木头，视觉上远离了粗野的感觉，这些是为21世纪生存的野生动物所准备的，他们的设计反映了我们对现代风格花园产品日渐增长的需求。"我们想设计一些能把野外生物带回到花园中的产品，同时它们也能符合当代的设计特点，"霍尔克说，"我们的作品参考了当代建筑，但是当我们开始一个新项目时，主要的设计灵感还是来自于功能；这始终是我们的出发点，所有设计都遵循这个原则，功能是被隐藏的美，是产品

的个性。"

"人们对于花园的兴趣在与日俱增，"霍尔克接着说，"当你需要一个鸟类喂食器时，你希望它能够符合你的生活方式，能够反映你的个人审美。"人们希望在他们的室外空间中展示他们的沙发和室外厨房。"我知道，在热带气候的地区，这是很普遍的，但是在我们寒冷的北欧，相对来说这是一个新的现象，"他开玩笑地说，"作为一个民族，我们丹麦人花了很长的时间设计完美的浴室和厨房，现在我们更加关注的是另一个房间，那就是花园。"

为野生动物进行设计有着其自身一系列的要求。霍尔克解释道："开始时你不得不取悦两类顾客，消费者和鸟儿。我们觉得我们需要寻找一种设计，这种设计一方面既能彰显现代建筑特点，另一方面又能准确地知道哪些功能才是鸟类产品所必须具备的。我们在自己的花园做了很多实验，"他继续说，"我们不停地思考，例如'对于鸟来说，什么才是好的？它们会在什么样的地方用餐？'"

他们的研究得出，在诸多设计要求中，产品必须易于清洁，因为鸟儿喂食器、鸟巢和戏水用具容易滋生细菌。霍尔克和杰森用玻璃和陶瓷来进行设计，因为这些材料易于清洁（他们的产品都可以用洗碗机清洁）；而且玻璃所具备的通透性，可以让你看到喂食器中食物的量有多少。

对于细节的关注是他们工作的核心，所有事情都要被考虑到。以"Eva Solo的鸟类学"鸟巢为例（见64页），用赤陶上白色的釉来反射热量维持幼鸟的温暖，有四种不同大小的孔，来吸引不同大小的鸟，光滑的外表阻挡了侵略者，同时内部的梯子方便了幼鸟爬出。

对于抛弃型物品的设计不是他们的追求。"我们的信念，"霍尔克说，"是思索如何让一件产品使用得更长久"，他们对于某些材料的选择也是基于这方面进行考虑。"这是一个很微妙的平衡，"他继续说，"如果设计太过时尚，就会被下一种时尚所替代。永恒的设计才是关键，才是对地球有益的设计。"

（上图）
鸟类喂食台，Eva Solo鸟类喂食台
设计：Henrik holbaek，Claus Jensen，Tools Design
材料/工艺：吹制玻璃，合成材料
高度：110cm（43in）
直径（水盆）：22或32cm（$8^5/_8$或$12^5/_8$in）
公司：Eva Denmark A/S，丹麦
网址：www.evadenmark.com

（右图）
鸟类戏水盆，Eva Solo鸟类戏水盆
设计：Henrik holbaek，Claus Jensen，Tools Design
材料/工艺：白色玻璃瓷
直径：35cm（$13^3/_4$in）
公司：Eva Denmark A/S，丹麦
网址：www.evadenmark.com

（左图）
鸟类喂食台，样式 01
设计：Patrick Anderson
材料／工艺：FSC 认
证洪都拉斯桃花心木，
杉木，无甲醛 MDF，铝，
低挥发性油漆
高度：26.3cm（$10^1/_2$in）
宽度：50cm（20in）
长度：30cm（12in）
公司：Neoshed，美国
网址：www.neoshed.
com

（上图）
鸟类喂食台，样式 02
设计：Patrick Anderson
材料／工艺：FSC 认
证洪都拉斯桃花心木，
杉木，无甲醛 MDF，铝，
低挥发性油漆
高度：26.3cm（$10^1/_2$in）
宽度：50cm（20in）
长度：30cm（12in）
公司：Neoshed，美国
网址：www.neoshed.
com

（上图）
鸟类喂食台，样式 04
设计：Patrick
Anderson
材料／工艺：FSC 认
证洪都拉斯桃花心木，
杉木，无甲醛 MDF，铝，
低挥发性油漆
高度：26.3cm（$10^1/_2$in）
宽度：50cm（20in）
长度：30cm（12in）
公司：Neoshed，美国
网址：www.neoshed.
com

（右图）
鸟类喂食台，样式 03
设计：Patrick
Anderson
材料／工艺：FSC 认
证洪都拉斯桃花心木，
杉木，无甲醛 MDF，铝，
低挥发性油漆
高度：26.3cm（$10^1/_2$in）
宽度：50cm（20in）
长度：30cm（12in）
公司：Neoshed，美国
网址：www.neoshed.
com

（上图）
鸟类喂食台，麻雀喂食台
设计：Radi Designers
材料 / 工艺：钢
高度：180cm（70in）
宽度：73cm（28in）
公司：Radi Designers，法国
网址：www.radidesigners.com

（左图）
鸟类喂食台，可回收屋顶砖鸟屋
设计：Tomoko Azumi
材料 / 工艺：可回收屋顶砖，松木
高度：35cm（13$^3/_4$in）
高度（杆）:130cm（51in）
宽度：22cm（8$^5/_8$in）
厚度：25cm（9$^7/_8$in）
公司：t.n.a.design studio，英国
网址：www.tnadesignstudio.co.uk

（上图）
鸟类喂食台 / 鸟类戏水盆，Fuera
设计：Susanne Augenstein
材料 / 工艺：不锈钢，山毛榉木
高度：131cm（52in）
直径：25cm（9$^7/_8$in）
公司：Blomus Gmhh，德国
网址：www.blomus.com

（左图）
鸟屋，博物馆鸟屋
设计：Tom Dukich
材料 / 工艺：不锈钢
高度：30.5cm（12in）
宽度：23cm（9in）
厚度：30.5cm（12 in）
直径：23cm（9in）
公司：Tom Dukich，美国
网址：www.tomdukich.com

（上图）
鸟屋，样式 01
设计：Patrick Anderson
材料／工艺：FSC 认证洪
都拉斯桃花心木，杉木，
无甲醛 MDF，铝，低挥发
性油漆
高度：17.5cm（7in）
宽度：17.5cm（7in）
长度：17.5cm（7in）
公司：Neoshed，美国
网址：www.neoshed.com

（上图）
鸟屋，现代
Birdhouses™：Ralph,
Richard, J.R.
设计：Dail Dixion
材料／工艺：柚木，铝
直径（入口）：3.5cm
（1³/₈in）
公司：Wieler，美国
网址：www.wieler.com

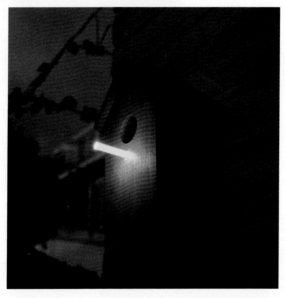

（上图）
鸟屋，太阳能鸟屋
设计：Guido Ooms,
Karin van Lieshout
材料／工艺：FSC 认证
梅兰蒂木，太阳能板，
电子器件
高度：18cm（7¹/₈in）
宽度：9cm（3¹/₂in）
厚度：9cm（3¹/₂in）
公司：Oooms，荷兰
网址：www.oooms.nl

（右图）
鸟屋，鸟箱
设计：Fredrikson Stallard
材料／工艺：实心欧洲橡
木，铸铝
高度：28cm（11in）
宽度：16cm（6¹/₄in）
厚度：15cm（5⁷/₈in）
公司：Thorsten Van
Elten，英国
网址：www.thorstenvane-
lten.com

（下图）
鸟屋，Byrdhouses
设计：Chris Eckersley
材料/工艺：粉末涂层钢，橡木
高度（屋子）：40~50cm
（$13^3/_4$~21in）
高度（支架）：180cm（70in）
宽度：36cm（$14^1/_8$in）
厚度：30cm（$14^1/_8$in）
公司：Chris Eckersley
Design，英国
网址：www.chriseckersley.co.uk

（上图）
鸟屋，可回收屋顶砖鸟屋
设计：Tomoko Azumi
材料/工艺：可回收屋顶砖，松木
高度：21cm（$8^1/_4$in）
宽度：22cm（$8^5/_8$in）
厚度：18cm（$7^1/_8$in）
公司：t.n.a.design studio，英国
网址：www.tnadesignstudio.co.uk

（左图）
鸟树，鸟树屋
设计：Kodjo
kouwenhoven
材料/工艺：钢，木材
高度：153cm（60in）
宽度：60cm（23in）
厚度：25cm（$9^7/_8$in）
公司：Maandag
meubels，荷兰
网址：www.maandagmeubels.nl

（左图）
鸟屋，几何体鸟屋
设计：Kelly lamb
材料 / 工艺：陶瓷
直径：20.3cm（8in）
公司：Areaware，美国
网址：www.areaware.
com

（上图）
鸟屋，球体鸟屋
设计：Gavin and kate
Christman
材料 / 工艺：陶瓷
直径：18cm（7in）
公司：Green and
blue，英国
网址：www.greenan-
dblue.co.uk

（对面页）
鸟屋，蛋形鸟屋
设计：Jim schatz
材料 / 工艺：手工抛光
陶瓷，乙烯树脂，橡胶，
铝，尼龙
高度：20.3cm（8in）
宽度：15.2cm（6in）
直径：15.2cm（6in）
公司：J Schatz，美国
网址：www.jschatz.
com

（左图）
鸟巢，Eva Solo 的鸟类学
设计：Claus Jensen,
Henrik Holbaek of
Tools Design
材料 / 工艺：塑料，
光泽陶器
高度：24cm（9$\frac{1}{2}$in）
宽度：15cm（5$\frac{7}{8}$in）
公司：Eva Denmark
A/S，丹麦
网址：www.evaden-
mark.com

（左图）
**固定墙上鸟屋，Kokki
Bird**
设计：Michael Hilgers
材料 / 工艺：可回收
聚乙烯
直径：30cm（11$\frac{3}{4}$in）
公司：Rephorm，
德国
网址：www.rephorm.
de

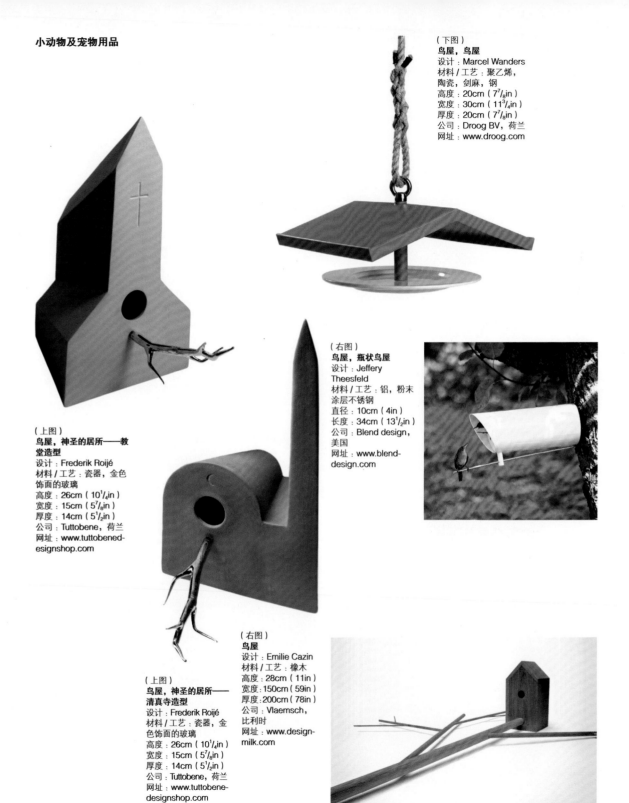

（下图）
鸟屋，鸟屋
设计：Marcel Wanders
材料 / 工艺：聚乙烯，
陶瓷，剑麻，钢
高度：20cm（$7^7/_8$in）
宽度：30cm（$11^3/_4$in）
厚度：20cm（$7^7/_8$in）
公司：Droog BV，荷兰
网址：www.droog.com

（上图）
鸟屋，神圣的居所——教堂造型
设计：Frederik Roijé
材料 / 工艺：瓷器，金色饰面的玻璃
高度：26cm（$10^1/_4$in）
宽度：15cm（$5^7/_8$in）
厚度：14cm（$5^1/_2$in）
公司：Tuttobene，荷兰
网址：www.tuttobenedesignshop.com

（右图）
鸟屋，瓶状鸟屋
设计：Jeffery Theesfeld
材料 / 工艺：铝，粉末涂层不锈钢
直径：10cm（4in）
长度：34cm（$13^1/_2$in）
公司：Blend design，美国
网址：www.blend-design.com

（上图）
鸟屋，神圣的居所——清真寺造型
设计：Frederik Roijé
材料 / 工艺：瓷器，金色饰面的玻璃
高度：26cm（$10^1/_4$in）
宽度：15cm（$5^7/_8$in）
厚度：14cm（$5^1/_2$in）
公司：Tuttobene，荷兰
网址：www.tuttobenedesignshop.com

（右图）
鸟屋
设计：Emilie Cazin
材料 / 工艺：橡木
高度：28cm（11in）
宽度：150cm（59in）
厚度：200cm（78in）
公司：Vlaemsch，比利时
网址：www.design-milk.com

（下图）
鸟屋，Hepper 鸟窝
设计：Jed Crystal
材料 / 工艺：阳极氧化铝
高度：25.4cm（10in）
宽度：17.8cm（7in）
长度：33cm（13in）
公司：Hepper，美国
网址：www.hepper.com

（上图）
鸟屋，Piep-show-xxl
设计：Ralph Kraueter
材料 / 工艺：镀锌粉末涂层钢，
氧化铝
高度：45cm（$17^3/_4$in）
宽度：49cm（$19^1/_4$in）
厚度：55cm（$21^1/_2$in）
公司：Radius Design，德国
网址：www.radius-design.com

（右图）
鸟屋，RM 式
设计：Patrick Anderson
材料 / 工艺：FSC 认证
洪都拉斯桃花心木，杉
木，无甲醛 MDF，铝，
低挥发性油漆
高度：20cm（8in）
宽度：20cm（8in）
长度：20cm（8in）
公司：Neoshed，美国
网址：www.neoshed.
com

（左图）
鸟屋，立方体鸟屋
设计：Loll Designs
材料 / 工艺：100%
再生可回收塑料
高度：13cm（5in）
宽度：14cm（$5^1/_2$in）
厚度：14cm（$5^1/_2$in）
公司：Loll Designs，
美国
网址：www.lolldesigns.
com

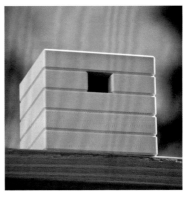

（左图）
鸡窝，Eglu 立方体
设计：Omlet
高度：80cm（31in）
宽度：120cm（47in）
厚度：100cm（39in）
公司：Omlet，英国
网址：www.omlet.com

（上图）
花园屋，Ex-Ecal
设计：Alexandre Gaillard，Adrien Rovero，Augustin Scott de Martinville
材料／工艺：钢和博若莱克类藤蔓装饰物
高度：285cm（112in）
宽度：250cm（98in）
长度：360cm（141in）
公司：ECAL(Ecole Cantonale d'Art de Lausanne)，瑞士
网址：www.ecal.ch

（右图）
狗屋，eiCrate
设计：Peter Pracilio
材料／工艺：粉末涂层钢
高度：62cm（24$\frac{1}{2}$in）
宽度：91cm（36in）
厚度：86cm（34in）
公司：DesignGO!，美国
网址：www.gopetdesign.com

（左图）
宠物小屋，建筑风格的宠物小屋
设计：David M. Neighbor
材料／工艺：桦木，杉木
高度：93cm（36in）
宽度：122cm（48in）
长度：122cm（48in）
公司：Pre-Fab-Pets，美国
网址：www.pre-fab-pets.com

（左图）
浅水池／游戏池，骨头形状水池
设计：Raymond Palmer
材料／工艺：高分子聚乙烯，铜，橡胶
高度：112cm（44in）
宽度：168cm（66in）
厚度：28cm（11in）
公司：One Dog One Bone Enterprises inc，美国
网址：www.onedogonebone.com

（上图）
狗屋，流浪狗之家
设计：Marco Morosini
材料／工艺：闪耀光泽白色黏土，24-ct 铂金手绘
高度：45cm（$17^3/_4$in）
宽度：29cm（$11^3/_8$in）
长度：52cm（20in）
公司：Bosa Ceramiche，意大利
网址：www.bosatrade.it

（上图）
爱犬交互空间，狗舍
设计：AR Design Studio
材料 / 工艺：橡木
高度：500cm（196in）
宽度：200cm（78in）
长度：100cm（39in）
公司：AR Design
Studio，英国
网址：www.ardesigns-
tudio.co.uk

（右图）
狗屋，绿色的吠声
（Barkitecture）
设计：Michael Rausch
材料 / 工艺：胶合板，
木材，重蚁木铺装，不
锈钢，GreenGrid® 绿植，
景天属植物
公司：Johnson Squared
Architecture+Planning，
美国
网址：www.johnsonsq-
uared.com

（右图）
狗屋，Green Spot
Green（Barkitecture）
设计：Peter Brachvogel,
Stella Carosso of BC&J
Architects
材料 / 工艺：胶合板，
杉木，金属，土壤，草
高度：76cm（29in）
长度：122cm（48in）
公司：BC&J
Architects，美国
网址：www.bcanbj.com

（右图）
狗屋，Magis 狗屋
设计：Micheal Young
材料 / 工艺：旋转式模压聚乙
烯，不锈钢
高度：75.5cm（29in）
宽度：48.5cm（19$\frac{1}{4}$in）
长度：89cm（35in）
公司：Magis SpA，意大利
网址：www.magisdesign.com

（左图）
**猫屋 / 床，Katkabin
DezRez**
设计：Trevor Hudson
材料 / 工艺：ABS，铝，
高强度冲压聚苯乙烯，
聚碳酸酯，棉布，泡
沫
高度：32cm（12$\frac{1}{2}$in）
宽度：41cm（16in）
长度：55cm（21$\frac{1}{2}$in）
公司：Brinsea
Products Ltd，英国
网址：www.katkabin.
co.uk

（下图）
**宠物小屋入口装饰物，
镶嵌施华洛世奇水晶
的猫屋入口**
设计：Peter
McDermott
材料 / 工艺：木材，
施华洛世奇水晶
高度：28~31cm（11~
12$\frac{1}{2}$in）
宽度：22~30cm（8$\frac{5}{8}$~
11$\frac{3}{4}$in）
公司：Doors4paws，
英国
网址：www.doors4-
paws.co.uk

（右图）
宠物小屋，天竺鼠的 Eglu
设计：Omlet
材料 / 工艺：中密度聚乙烯
高度：70cm（27in）
宽度：70cm（27in）
厚度：70cm（27in）
公司：Omlet，英国
网址：www.omlet.com

（上图）
宠物小屋，兔子的 Eglu
设计：Omlet
材料 / 工艺：中密度聚乙烯
高度：70cm（27in）
宽度：70cm（27in）
厚度：70cm（27in）
公司：Omlet，英国
网址：www.omlet.com

（右图）
蜂箱，蜂巢
设计：Omlet
材料 / 工艺：中密度聚
乙烯，钢
高度：90cm（35in）
宽度：55cm（21in）
厚度：120cm（47in）
公司：Omlet，英国
网址：www.omlet.com

植物容器

Containers

（上图）
花盆，Kabin
设计：Luisa Bocchietto
材料／工艺：聚乙烯
高度：100cm（39in）
宽度：44cm（17^3/$_8$in）
公司：Serralunga srl，
意大利
网址：www. serralunga.
com

（上图）
花盆，Carl
设计：Pierre Sindre
材料／工艺：铁
高度：30 或 60cm（11^3/$_4$
或 23in）
公司：Röshults，瑞典
网址：www.roshults.se

（左图）
花盆，四方锥形爱古拉
设计：Studio Vondom
材料／工艺：低密度线型聚乙烯
高度：30、40、50、60、80cm
（11^3/$_4$、15^3/$_4$、19、23、31in）
宽度：30、40、50、60、80cm
（11^3/$_4$、15^3/$_4$、19、23、31in）
长度：30、40、50、60、80cm
（11^3/$_4$、15^3/$_4$、19、23、31in）
公司：Vondom，西班牙
网址：www.vondom.com

（左图）
**桌子 / 花盆，Moma
高台**
设计：Javier Mariscal
材料 / 工艺：低密度
线型聚乙烯
高度：100cm（39in）
宽度：60cm（23in）
长度：75cm（29in）
公司：Vondom，西
班牙
网址：www.vondom.
com

（上图）
花盆，立面图
设计：Arik Levy
材料 / 工艺：粉末涂层铝
高度：73、81 或 102cm
（28、31 或 40in）
宽度：55、48、55cm（21、
$18^7/_8$、21in）
公司：Flora Wilh. Förster
GmbH & Co. KG，德国
网址：www.flora-online.
de

（右图）
花盆，Mercato
设计：Flora
材料 / 工艺：粉末涂
层铝
高度：45cm（$17^3/_4$in）
宽度：40cm（$15^3/_4$in）
厚度：40cm（$15^3/_4$in）
公司：Flora Wilh.
Förster GmbH & Co.
KG，德国
网址：www.flora-
online.de

（下图）
花盆，Alea
设计：Dirk Wynants
材料 / 工艺：电镀钢，聚
酯纤维
高度：48cm（$18^7/_8$in）
宽度：52cm（20in）
长度：52cm（20in）
公司：Extremis，比利时
网址：www.extremis.be

（右图）
桌子 / 花盆，Moma 低台
设计：Javier Mariscal
材料 / 工艺：低密度线型
聚乙烯
高度：45cm（$17^3/_4$in）
宽度：100cm（39in）
长度：115cm（45in）
公司：Vondom，西班牙
网址：www.vondom.com

（左图）
盆 / 花盆，Vertigo 花盆
设计：Erwin Vahlenk-
amp
材料 / 工艺：玻璃纤
维加固的聚酯纤维
高度：47、62、77cm
（$18^1/_2$、24、30in）
宽度：45、60、75cm
（$17^3/_4$、23、29in）
长度：45、60、75cm
（$17^3/_4$、23、29in）
公司：EGO² BV，荷兰
网址：www.ego2.com

（左图）
花盆，Eden
设计：Villiers Brothers
材料 / 工艺：铜
高度：99cm（39in）
宽度：122cm（48in）
厚度：122cm（48in）
公司：Villiers，英国
网址：www.henryhalldesigns.com

（对面页）
陶制花盆，CG130
设计：Atelier Vierkant
材料 / 工艺：黏土
高度：128cm（51in）
宽度（底部）：30cm
（$11^3/_4$in）
宽度（顶部）：39cm
（$15^3/_8$in）
公司：Atelier
Vierkant，比利时
网址：www.ateliervi-
erkant.com

（上图）
混凝土花盆，现代主义风格
设计：Kathy Dalwood
材料／工艺：混凝土
高度：28cm（11in）
宽度：28cm（11in）
长度：28cm（11in）
公司：Kathy Dalwood，英国
网址：www. Kathydal-wood.com

（下图）
花盆，再生花盆（五加仑 Triple）
设计：Loll Designs
材料／工艺：100% 再生可回收塑料
高度：43cm（17in）
宽度：102.2cm（40$\frac{1}{4}$in）
厚度：35cm（13$\frac{3}{4}$in）
公司：Loll Designs，美国
网址：www. lolldesigns.com

（上图）
模块化花盆/框架系统，C 元素
设计：Michael Hilgers
材料／工艺：电镀粉末涂层钢
高度：75cm（29in）
宽度：75cm（29in）
厚度：15cm（5$\frac{7}{8}$in）
公司：Rephorm，德国
网址：www. Rephorm.de

（下图）
花盆，不锈钢花盆
设计：Tornado
材料／工艺：不锈钢
高度：60cm（23in）
宽度：60cm（23in）
公司：Tornado，英国
网址：www.tornado.co.uk

（左图）
花盆，翼 Michael Koenig
设计：Michael Koenig
材料 / 工艺：粉末涂层铝
高度：69cm（27in）
宽度：60cm（23in）
长度：125cm（49in）
公司：Flora With Förster Gmbil & Co.KG，德国
网址：www.floraon-line.de

（上图）
花盆，重逢
设计：Patricia Urquiola
材料 / 工艺：电镀不锈钢喷漆，陶器
高度：105cm（41in）
直径：72cm（28in）
公司：Emu Group SpA，意大利
网址：www.emu.it

（右图）
盆，Rising 盆
设计：Stefan Schöning
材料 / 工艺：瓷器，聚酯纤维，陶器
高度（框架）：35、65 或 123cm（13³/₄、25 或 48in）
高度（盆体）：30 或 60cm（11³/₄、23in）
直径（框架）：100cm（39in）
直径（盆体）：100om（39in）
公司：Domani Ltd，比利时
网址：www.domani.be

（左图）
盆，洞洞盆
设计：Luisa Bochietto
材料 / 工艺：聚乙烯
高度：66cm（26in）
直径：66cm（26in）
公司：Serralunga srl，
意大利
网址：www.
serralunga.com

（上图和右图）
**花盆，The Retro
Bullet Planter™**
设计：Hip Haven
材料 / 工艺：注塑玻
璃纤维，粉末涂层钢
高度：41、59 或
77cm（16、23 或
30in）
宽度：41cm（16in）
深度：30cm（12in）
公司：Hip Haven,
Inc，美国
网址：www.
hiphaven.com

（右图）
花盆，Uve Aigua
设计：Studio Vondom
材料 / 工艺：低密度线
型聚乙烯
高度：80cm（31in）
宽度：40cm（15³/₄in）
长度：120cm（47in）
公司：Vondom，西
班牙
网址：www.vondom.
com

（上图）
盆，Tambo
设计：Luca Hichetto
高度：73cm（28in）
宽度：75cm（29in）
公司：Plust Collection，意大利
网址：www.plust.com

（上图）
花盆，Sahara
设计：Pablo Gironés
材料 / 工艺：抛光喷
漆聚乙烯
各种尺寸
公司：Gandia Blasco
SA，西班牙
网址：www.gandiab-
lasco.com

（右图）
盆，流动
设计：Zaha Hadid
材料 / 工艺：聚乙烯
高度：120、200cm
（47、78in）
宽度：117 或 146cm
（46 或 57in）
公司：Serralunga
srl，意大利
网址：www.serralunga.
com

（左图）
花瓶，节约空间 / 花瓶
设计：JVLI/JoeVelluto
材料 / 工艺：聚乙烯
直径：57cm（22in）
公司：Plust Collection，
意大利
网址：www.plust.com

（上图）
**花盆系列，遗失的
树**
设计：Jean-Marie
Massaud
材料 / 工艺：聚乙烯
高度：159 或 200cm
（63 或 78in）
宽度：42cm（16$\frac{1}{2}$in）
公司：Serralunga
srl，意大利
网址：www.serralu-
nga.com

植物容器

（右图）
花盆，Aladin
设计：Patrick Schöni
材料/工艺：纤维混凝土
高度：59、73 或 87cm（23、
28 或 34in）
直径：112、138 或 165cm
（44、54 或 65in）
公司：Eternit AG，瑞士
网址：www.eternit.ch

（右图）
花池/花盆，泡泡花池
设计：Erwin Vahlenkamp
材料/工艺：玻璃纤维
强化聚酯纤维
高度：80 或 120cm（31
或 47in）
直径：50cm（19in）
公司：EGO' BV，荷兰
网址：www.ego2.com

（左图）
绿色之墙/生命之墙/
垂直花园/壁装式花
盆，壁式小花盆
设计：Miguel Nelson
材料/工艺：透气的毡
制品，具有水分的嵌
入式墙
高度：38cm（15in）
宽度：61、154 或
284.5cm（24、61 或
112in）
公司：Wodllly
Pocket Gardening
Company，美国
网址：www.woollypo-
cket.com

（上图）
花盆，定做的不锈钢
花盆
设计：Tills Innovations
材料/工艺：不锈钢
定做尺寸
公司：Tills Innovat-
ions Ltd. 英国
网址：www.tillsinnova-
tions.com

（上图）
花盆，壁装式花盆
设计：Nicolas Le
Moigne
材料 / 工艺：聚乙烯
高度：90cm（35in）
宽度：45cm（17³/₄in）
直径：45cm（17³/₄in）
公司：Serralunga
srl，意大利
网址：www. serralu-
nga.com

（右图）
盆组合，悬浮系列花盆
设计：Mauro Canfori
材料 / 工艺：陶器，
喷漆金属
高度：206cm（81in）
宽度：56cm（22in）
公司：Teracrea srl，
意大利
网址：www.teracrea.
com

（上图和下图）
**模块化花盆，
Balconcino**
设计：Sebastian
Bergne
材料 / 工艺：高压叠
层制品
高度：165cm（65in）
宽度：80cm（31in）
直径：38cm（15in）
公司：Teracrea srl，
意大利
网址：www.teracrea.
com

（上图）
花盆，Dotti 花盆
设计：Peter McLisky
材料 / 工艺：粉末涂层钢
高度：40cm（15³/₄in）
宽度：40cm（15³/₄in）
直径：40cm（15³/₄in）
公司：Sculpture，澳大利亚
网址：www.
petermclisky.com.au

（上图）
模块化花盆，岩石花园
设计：Alain Gilles
材料 / 工艺：旋转式模压低密度聚乙烯
高度：37.3cm（14⁵/₈in）
宽度：43.1cm（16⁷/₈in）
长度：51.2cm（20in）
公司：Qui est Paul，法国
网址：www.qui-est-paul.com

（上图）
模块化花盆，改变
设计：Rainer Mutsch
材料 / 工艺：纤维化石棉混凝土板
小：47cm×87cm×40cm
（18¹/₂in×34in×15³/₄in）
中：45cm×72cm×55cm
（17³/₄in×28in×21in）
大：25cm×80cm×70cm
（9⁷/₈in×31in×27in）
公司：Eternit Werke L. Hatschek AG，奥地利
网址：www.etemit.at

（右图）
凳子，翻转后是冰块粉碎器，干杯
设计：Jorge Nàjera
材料 / 工艺：聚乙烯
高度：75cm（29in）
直径：45cm（17³/₄in）
公司：Slide srl，意大利
网址：www.slidedesign.it

（左图）
钵 / 花盆，池塘用钵
设计：Erwin
Vahlenkamp
材料 / 工艺：玻璃纤
维强化聚酯纤维
高度：10、15 或
20cm（$3^7/_8$、$5^7/_8$ 或
$7^7/_8$in）
直径：50、75 或
100cm（19、29 或
39in）
公司：EGO² BV，荷兰
网址：www.ego2.com

（下图）
花瓶，Delta
设计：Benedetto
Fasciana
材料 / 工艺：耐候钢，
铸铁，不锈钢
高度：从98cm往上
（38in）
直径（底部）：
27.4cm（$10^5/_8$in）
直径（顶部）：50cm
（19in）
公司：De Castelli,
意大利
网址：www.decas-
telli.com

（上图）
花盆，休息！
设计：Stauffacher
Benz
材料 / 工艺：纤维混
凝土
高度：12cm（$4^3/_4$in）
宽度：76cm（29in）
长度：189cm（74in）
公司：Eternit AG,
瑞士
网址：www.eternit.ch

（右图）
多用途容器，甜心蛋糕
设计：Beed van Stokkum
材料 / 工艺：耐用塑料
高度：27cm（$10^5/_8$in）
直径（顶部）：70cm（27in）
公司：Beed van Stokkum,
荷兰
网址：www. beerdvanst-
okkum.com

（上图）
阳台栏杆上的花盆，插接的立方体
设计：Michael Hilgers
材料 / 工艺：可回收聚乙烯
高度：30cm（$11^3/_4$in）
宽度：30cm（$11^3/_4$in）
厚度：30cm（$11^3/_4$in）
公司：Rephorm，德国
网址：www.rephorm.de

（上图）
花盆，骑士花盆
设计：Rafaële David,
Géraldine Hetzel
材料 / 工艺：亚麻纤维，
树脂
高度：26cm（$10^1/_4$in）
宽度：26cm（$10^1/_4$in）
公司：az&mut，法国
网址：www.az-et-mut.fr

（上图）
壁式花盆，俄罗斯方块
设计：Jamie Dunstan,
PSI Nurseries
材料 / 工艺：不锈钢，
彩色粉末涂层
各种尺寸，由15cm×
15cm（$5^7/_8$in×$5^7/_8$in）
的不锈钢方形截面组成
公司：S3i Ltd-Stainless
Steel Solutions，英国
网址：www.s3i.co.uk

（左图）
花盆，日落
设计：Michael Koenig
材料 / 工艺：煤黑色粉末
涂层铝板和煤黑色 / 橙色
的塑料嵌板
高度：21cm（$8^1/_4$in）
宽度：16cm（$6^1/_4$in）
长度：60、80 或100cm
（23、31 或39in）
公司：Flora Wilh. Förster
GmbH&Co.KG，德国
网址：www.flora-online.de

迈克尔·希尔格斯

阳台或屋顶平台与当代的室内空间的设计美学没有什么不同，但是人们很清楚地知道，无论是拥有两个空间中的任何一个或者是同时拥有这两个空间，都很难在它们中发现关联的设计。这个问题引起了 Rephorm 公司的德国产品设计师迈克尔·希尔格斯（Michael Hilgers）的关注，他专门为这样的狭小的、尴尬的空间进行设计，或者引用他公司的广告语来说就是，"私人内部空间和外部空间交界处的解决方案"。希尔格斯最初惊奇于室内空间和室外空间看起来是那么的不统一，"许多人"，他说"在家庭的室内空间使用阿莱西的或者此类的产品，但是他们在室外空间却使用假冒伪劣的产品"使他更惊讶的是对于室外这些产品的品位，"仅仅是被窗户的玻璃所分割了的两个空间，为什么会这么不同呢？"

在柏林，希尔格斯最初学习的是建筑，"但是我不想去建造房屋，我想设计较小规模的东西，所以我继续之前作为木匠的学习，同时开始设计产品"，他从设计家具开始——希尔格斯设计并独立制造了一对名为"对话"的躺椅（原型为木材），并参加了科隆家具展。在展会上发生的两件事情改变了他的方向。第一个是，人们告诉他这个躺椅如果用塑料制造将可以用于室外，这一点使得他开始研究旋转式模压成型技术，这是一个快速成长起来、低成本的塑料工业发展方向，提供了一种更为高效的制造方式。第二个是，希尔格斯也开始意识到市场缺乏优良的室外产品，尤其是针对阳台或者露台这样小空间设计的产品。"所以开始做了相关的准备"，他说，"作为一名设计师总会发现有前景的市场。"

希尔格斯是一个独立设计师，在设计的过程中结合了独创性、幽默感和功能性。例如"插接的立方体"（对面页），是一个防水的聚乙花盆，牢固地安装在阳台的栏杆上，或者"沃特沃特"，是一个层叠的种植系统，能够在最小的空间中种植最多的植物。"罗斯帕兹"（右图）是一个抓住阳台栏杆小鸟爪子形态的、可爱的烟灰缸。或者"吊索"（见 145 页），一个阳台灯具，通过简洁的、扭曲的、有机形的杆，把自身连接在栏杆上，像藤蔓一样牢固。

这个人是那些失败的阳台园艺设计师梦想的望塑者，大多数希尔格斯的作品不需要固定，在一些国家例如瑞典，有法律禁止人们在栏杆上悬挂花盆，但是使用希尔格斯设计的产品进行种植却是合法的。

希尔格斯认为人们普遍地对于花园产生了越来越多的兴趣，尤其是对于城市空间的绿化。"我居住在柏林"，他说，"这里密密麻麻都是混凝土和石头，每个人都希望去柏林周边的乡村，但是没有人买得起乡村的房子，所以在那里阳台、露台都像是按比例缩小的自然景观一样被保留了。

当今每个东西都变得个性化，人们可以让自己的 iPhone、汽车变得个性化，那么阳台又有什么不行呢？"

希尔格斯通过一种奇特的方式获得产品设计的灵感，"我仰着头行走着穿过街道"，他说，"能够看到阳台上的一些自制结构，它们启发了我的灵感，由于可以在阳台上使用的产品的缺乏，人们试着自己去改善——没有很多的设计师从事这个领域的设计。在柏林，有 4000~5000 名设计师，我认为在伦敦也有着差不多数量的设计师，但是几乎没有人关注这个方面，尽管它出现在每个人的视线中，与我们的生活如此密切。"

希尔格斯最近的项目是在中国有着较低预算的小项日。"我认为"，他说，"我们一开始会更多地关注阳台"。他同时也把关注点转移到了室内——他提出关于室内香草花园的想法（仅关于水供给）以及具有磁性的、可以粘贴在冰箱上的香草种植容器。希尔格斯的产品吸引了具有初期设计意识的人而不是成长中的园艺师的关注，但是可能对于未来园艺师的培养产生直接的影响。

（上图）
窗台上的花盆箱 / 花盆，香草
设计：Michael Hilgers
材料 / 工艺：可回收聚乙烯
高度：21cm（8¹/₄in）
宽度：50cm（19in）
厚度：21cm（8¹/₄in）
公司：Rephorm，德国
网址：www.rephorm.de

（下图）
阳台栏杆上的烟灰缸，Rohrspatz
设计：Michael Hilgers
材料 / 工艺：粉末涂层钢，不锈钢
直径：12cm（4³/₄in）
公司：Rephorm，德国
网址：www.rephorm.de

植物容器

（对面页）
浇水桶，Camilla
设计：Koziol
Werksdesign
材料 / 工艺：聚乙烯
高度：40cm（15$^3/_4$in）
宽度：42cm（16$^1/_2$in）
直径：16cm（6$^1/_4$in）
公司：Koziol，德国
网址：www.koziol.de

（上图）
浇水桶，Bo–tanica
设计：Denis Santachiara
材料 / 工艺：聚乙烯
高度：55cm（21in）
宽度：37cm（14$^5/_8$in）
公司：Serralunga srl，意大利
网址：www.serralunga.com

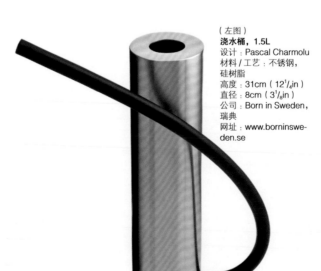

（左图）
浇水桶，1.5L
设计：Pascal Charmolu
材料 / 工艺：不锈钢，
硅树脂
高度：31cm（12$^1/_4$in）
直径：8cm（3$^1/_8$in）
公司：Born in Sweden，
瑞典
网址：www.borninswe-den.se

（上图）
浇水桶，7.5L
设计：Pascal Charmolu
材料 / 工艺：可回收聚
乙烯，不锈钢
高度：56cm（22in）
直径(底部)：20cm（7$^7/_8$in）
公司：Born in Sweden，
瑞典
网址：www.borninsw-eden.se

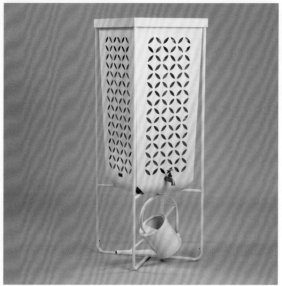

（左图）
雨水收集箱，HOG 雨水收集器
设计：Sally Dominguez
材料／工艺：低密度聚乙烯
高度：180cm（71in）
宽度：51cm（20in）
直径：24cm（9$\frac{1}{2}$in）
公司：Rainwater HOG LLC，美国
网址：www.rainwaterhog.com

（上图）
雨水收集器／雨水收集桶，
RC-1 雨水收集器
设计：Leo Corrales,
Jenny Lemieux
材料／工艺：粉末涂层钢，
不含邻苯二甲酸酯的柏油
帆布袋，铜，不锈钢
高度：145cm（57in）
宽度：51cm（20in）
直径：51cm（20in）
公司：Hero Design Lab
Inc.，加拿大
网址：www.hero-365.com

（上图）
植物生长支架，支架
设计：Rafaële David,
Geraldine Hetzel
材料／工艺：棕榈纤维，
PP
直径：27cm（10$\frac{5}{8}$in）
公司：az&mut，法国
网址：www.az-et-mut.fr

（右图）
雨水收集罐，Lumi™
设计：Ful Tank
材料／工艺：聚乙烯，
树脂玻璃，LED 灯
高度：132cm（52in）
宽度：72cm（28in）
公司：Ful Tank，澳大
利亚
网址：www.fultank.
com.au

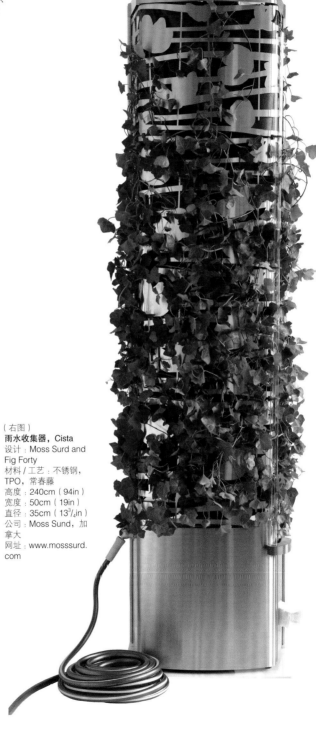

（上图）
花盆和框架，空气
设计：Michael Koenig
材料 / 工艺：粉末涂层铝
高度：182cm（72in）
宽度：55cm（21in）
直径：33cm（13in）
公司：Flora With Förster
Gmo- & Co.KG，德国
网址：www.flora-online.de

（右图）
雨水收集器，Cista
设计：Moss Surd and
Fig Forty
材料 / 工艺：不锈钢，
TPO，常春藤
高度：240cm（94in）
宽度：50cm（19in）
直径：35cm（13³/₄in）
公司：Moss Sund，加
拿大
网址：www.mosssurd.
com

各种水景

Water features

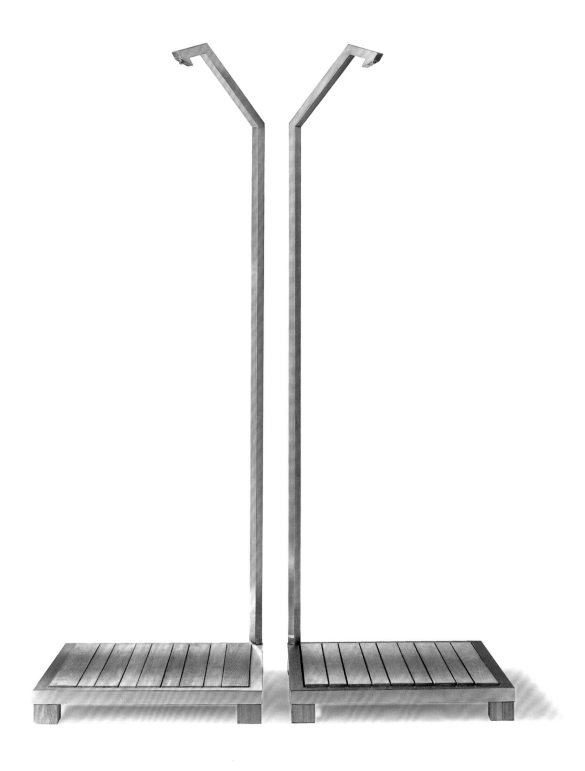

（上图）
水景 / 喷泉，蓝色喷泉
设计：Neil Wilkin
材料 / 工艺：手工制实
心蓝色玻璃，不锈钢
高度（大约）：100cm
（39in）
直径：100cm（39in）
公司：Neil Wilkin，英
国和澳大利亚
网址：www. neilwilkin.
com

（上图）
流动的喷泉，Air Flo LM
设计：OASE GmbH
材料 / 工艺：塑料，不锈钢
高度：70cm（27in）
直径：115cm（45in）
公司：OASE GmbH，德国
网址：www.oase-
livingwater.com

（右图）
水景雕塑，Coanda
设计：William Pye
材料 / 工艺：抛光不
锈钢
高度：190cm（74in）
直径：125cm（49in）
公司：William Pye，
英国
网址：www.
williampye.com

（左图）
水景雕塑，Coracle
设计：William Pye
材料 / 工艺：铜 / 不锈钢
宽度：120cm（47in）
长度：240cm（94in）
公司：William Pye，英国
网址：www.williampye.com

（上图）
水景雕塑，新月
设计：William Pye
材料 / 工艺：抛光不锈钢 / 铜
直径：200cm（78in）
公司：William Pye，英国
网址：www.williampye.com

（右图）
**可放置于水中的室外照
明设备，漂浮的绳索**
设计：Sam Wise
材料 / 工艺：聚乙烯，铝，
白炽灯或 LED 灯
长度：最长 100m（328ft）
直径：6.5 或 11cm（$2^5/_8$
或 $4^3/_8$in）
公司：Wise 1 design，
英国
网址：www.wise1
design.com

（上图）
**模块化/花盆/长凳/喷泉系统，
长凳/喷泉/花盆**
设计：Campania International
材料/工艺：铸石
高度：38cm（15in）
宽度：43cm（17in）
长度：566cm（223in）
公司：Campania
International,Inc，美国
网址：www.campaniainterna-
tional.com

（左图）
喷泉，Echo 喷泉
设计：Campania International
材料/工艺：铸石
高度：163cm（64in）
宽度：41cm（16in）
长度：36cm（14in）
公司：Campania
International,Inc，美国
网址：www.campaniainterna-
tional.com

（上图）
玻璃幕
设计：Christopher
Bradley- Hole Landscape
材料 / 工艺：钢化玻璃
高度：300cm（118in）
宽度：300cm（118in）
长度：300cm（118in）
公司：Firman Glass，英国
网址：www.firmanglass.
com
网址：www.christopherbia-
dley-hole.co.uk

（左图）
水景，双重水墙
设计：Elena Colombo
材料 / 工艺：水切割
耐候钢
高度：244cm（96in）
长度：366cm（144in）
公司：Colombo
Construction Corp，
美国
网址：www.firefea-
tures.com

（上图）
**水景，地面铺砌式烛
光水流**
设计：Andrew Ewing
材料 / 工艺：阿塞罗
石灰石，不锈钢，水，
光学纤维
宽度：180cm（70in）
长度：180cm（70in）
公司：Andrew Ewing
Design，英国
网址：www. andrewe-
wing.co.uk

（左图）
具有可扩展边缘的直面水墙，定制的
水景
设计：GA Waterfeatures
材料 / 工艺：316 镜面抛光不锈钢，
316 亚光不锈钢
高度：220cm（86in）
宽度：180cm（70in）
公司：The Garden Builders，英国
网址：www.gardenbuilders.co.uk
网址：www.gawaterfeatures.co.uk

（右图）
带有弯曲下落水槽的波纹水景墙，
定制的水景
设计：GA Waterfeatures
材料 / 工艺：316 镜面抛光不锈钢，
316 亚光不锈钢
高度：230cm（90in）
宽度：120cm（47in）
公司：The Garden Builders，英国
网址：www.gardenbuilders.co.uk
网址：www.gawaterfeatures.co.uk

水池和花园，Cedarhurst
水池和花园
设计：John Davis，
Sarah Munster
材料 / 工艺：混凝土
宽度（水池）:23cm（9in）
长度（水池）:99cm（39in）
公司：Architecture and
Gardens，美国
网址：www.architecture-
andgardens.net

（下图）
水景，融合
设计：Andy Sturgeon Landsc-
ape & Garden Design
材料 / 工艺：石材，木材
公司：The Garden Builders，
英国
网址：www.gardenbuilders.
co.uk

（右图）
水景，Dulwich 小镇花园
设计：Andy Sturgeon Land-
scape & Garden Design
材料 / 工艺：混凝土砖，
不锈钢
高度：140cm（55in）
宽度：550cm（217in）
公司：The Garden
Builders，英国
网址：www.gardenbuil-
ders.co.uk

各种水景

庭院花园，带水景观的现代主义庭院
设计：Charlotte Rowe
材料 / 工艺：盖度蓝色葡萄牙石灰石，阿塞罗葡萄牙石灰石
宽度：900cm（354in）
长度（最宽）：700cm（275in）
公司：Charlotte Rowe Garden Design，英国
网址：www.charlotter-owe.com

（上图）
水景，火焰
设计：Elena Colombo
材料 / 工艺：钢，铜
宽度：91cm（35in）
长度：244cm（96in）
公司：Colombo Construction Corp，美国
网址：www.firefeatures.com

（右图）
喷水池，没有边缘的喷水池
设计：Mesa
材料 / 工艺：不锈钢，天然板岩
高度：107cm（42in）
宽度（上部）：94cm（37in）
宽度（下部）：91cm（36in）
长度（上部水池）：732cm（288in）
长度（下部水池）：853cm（336in）
深度（上部）：40.6cm（16in）
深度（下部）：38cm（15in）
公司：Mesa，美国
网址：www.mesadesign.group.com

102

（右图）
水槽，Bird 水槽
设计：Mesa
材料 / 工艺：混凝土
高度：35.6cm（14in）
宽度：130cm（51in）
长度：18.3m（60ft）
深度：25.4cm（10in）
公司：Mesa，美国
网址：www.mesadesi-
gngroup.com

（上图）
花园和水景，小型现代
主义花园
设计：Paul Dracott
材料 / 工艺：灰色，金刚
石切割砂石，阴影灰色
粉刷墙面
宽度：12m（39$\frac{1}{2}$ft）
长度：20m（65$\frac{1}{2}$ft）
公司：Agave，英国
网址：www.
agaveonline.com

（左图）
花园和水景，Brighton 花园
（钢材水渠连接两个水池）
设计：Nicholas Dexter
材料 / 工艺：钢
宽度（花园）：5m（196in）
长度（花园）：20m（787in）
公司：NDG Garden and
Landscape Design，英国
网址：www.ndg.de.com

各种水景

（对面页）
水池，天然游泳池
设计：Gartenart Natural
Swimming Ponds
宽度：5m（16$\frac{1}{2}$ft）
长度：16m（52$\frac{1}{2}$ft）
公司：Gartenart Natural
Swimming Ponds，英国
网址：www. gartenart.
co.uk

（上图）
**水景和池塘，Docklands 屋
顶花园**
设计：Andy Sturgeon Land-
scape & Garden Design
材料 / 工艺：玻璃，木材，
石材
公司：The Garden
Builders，英国
网址：www.
gardenbuilders.co.uk

（右图）
水景，水景小溪
设计：Andy Sturgeon Land-
scape & Garden Design
材料 / 工艺：石材，木材
公司：The Garden Builders，
英国
网址：www.gardenbuilders.
co.uk

104

（上图）
天然游泳池，类型 4"植物环绕"水池
设计：Clear Water Revival
材料/工艺：PVC，混凝土，河滩鹅卵石
直径（游泳范围）：400cm（157in）
公司：Clear Water Revival，英国
网址：www.clear-water-revival.com

（上图）
水池，天然游泳池
设计：Gartenart Natural Swimming Ponds
宽度：7m（23ft）
长度：15.8m（52ft）
公司：Gartenart Natural Swimming Ponds，英国
网址：www.gartenart.co.uk

（右图）
水景雕塑，闪烁
设计：William Pye
材料/工艺：抛光不锈钢
宽度：149.2cm（59in）
长度：399.6cm（157in）
公司：William Pye，英国
网址：www.williampye.com

乌尔夫·努德菲耶尔

当我同他交谈时，乌尔夫·努德菲耶尔（Ulf Nordfjell）仍然沉浸在成功的喜悦中——他最近凭借"每日电讯花园"在2009年伦敦切尔西花卉展上获得最佳金奖。他是来自斯德哥尔摩的景观设计师，他的获奖作品融合了瑞典现代主义的简洁以及英国乡村花园的迷人气息。这是一个聪明的融合，现代主义的简约被柔化了，同时通常繁密茂盛的乡村花园景观则被加以提炼，努德菲耶尔的设计作品高度的原创性正是来源于这两种截然不同风格的融合。

"我的设计作品，深受大自然和英式景观的影响，"他说，"因为我总是从景观中提取有用的东西，然后把它们应用于现代设计中。"他用Hidcote花园和Sissinghurst花园举例说明他的灵感来源，Sissinghurst花园有10个截然不同的房间，他说，"你通过篱笆的缝隙看过去，将看到这些不同的房间，你每一次去都会看到不同的地方，对于我来说这才是真正的花园。"

"我也对剧院着迷，"他提到了另一个灵感来源，"我经常试着在我的花园设计中模仿剧院，因为它能将你的思绪带到其他地方——怀疑的暂停。"

对于努德菲耶尔来说，花园是大自然的盛典，他经常将这一点引入自己的设计方案中，正如他所说的，"我经常将野生植物引入到极简主义的设计中，举例来说，越橘是一种在自然界中你不会太在意的植物，但是如果你把它放置在布置井然的场合，它会看起来非常精致。所以以我的方式来讲，大自然之间是没有竞争的。"

努德菲耶尔的用色是很微妙的，一种由蓝色、白色和灰色组成的清爽的北方风格，以草混合带绒毛的种子作为植物的构成，例如以风铃草和紫罗兰等植物作为颜色的亮点。对于硬质景观，他使用的是耐用的材料，这些被他称为"瑞典材料"，诸如以木材、花岗石、钢和玻璃等，它们能够抵御斯堪的纳维亚极端的冬季气候。努德菲耶尔设计的花园是一个宁静的地方，在那里光线、声音、感觉都被加强了，还有水一直也是必不可少的元素。

水对于努德菲耶尔来说十分重要，他也经常在设计中使用到水。水的什么特质如此吸引努德菲耶尔呢？"水，"他回答道，"是斯堪的纳维亚的生命。我认为只有英国和斯堪的纳维亚拥有足够的水资源，而世界其他的地方都是短缺的。如今，我们和水的关系比1960年代更加生态化了，如今我们从水中获得东西而不是往里面排放东西。"水也与他工作的另一面相关，"动感是我设计的关键，"努德菲耶尔说，"我希望水能动起来，所以我希望里面有气泡，因为空气的存在能够带给你一种活的感觉，当太阳照射时，空气也能让水闪发光。我对水是具有感情的，那是因为在我成长的岁月中，夏天的时候总是在一条水流奔腾不息的河边度过。我会说，一些人属于海，一些人属于湖，而我属于河流，这就是为什么我总是把流动的水置入花园中。"

努德菲耶尔的经历与他设计理念的形成具有很大关联性，他自14岁开始学习制造陶器，那时他对于制造工艺、造型、比例和结构的理解，对他所设计的一系列花园产品和家具以及他自己的公司Lunab都产生了影响。努德菲耶尔同样是一名优秀的植物学家、生物学家和化学家，"一开始我并不知道我的背景经历对于景观设计有何用处，"他说，"但是过去的六七年里，在植物学和生态理念方面知识的用处变得明晰起来，现在越来越清晰地体现在我的设计中。"

对于努德菲耶尔来说，园艺同样意味着把手弄脏，正如他解释所说的，"园艺应当是愉悦和进行养护的结合，养护是享受乐趣必不可少的部分，而不是担心把烤架放在哪里……我们生活在一个被电脑掌控的时代，但是种植植物和科技毫不相关，只需要动手和用心，这就是如今大家都参与其中的原因。"

（左图）
没有边界的游泳池，加利福尼亚千橡市的游泳池
设计：Girvin Associates, Inc. Landscape Architects
材料／工艺：镜面水池和石头地面铺装
宽度：21.34m（70ft）
长度：9.14m（30ft）
深度：2.13m（7ft）
公司：Girvin Associates, Inc Landscape Architects，美国
网址：www. girvinas-soc.net

（上图）
带有水景的花园设计
设计：Paul Dracott Garden Design
材料／工艺：抹刷墙，金属隔屏，杉木地面铺装
公司：The Garden Builders，英国
网址：www. gardenbuilders.co.uk

（右图）
**水池，加利福尼亚住宅
水池**
设计：Dufner Heighes Inc.
材料/工艺：喀什莫瑞龟
裂板岩（露台），碧莎玻
璃马赛克砖
宽度：6.1m（20ft）
长度：13.7m（45ft）
公司：Dufner Heighes，
美国
网址：www.dufnerheig-
hes.com

（左图）
**天然泳池，类型
3"植物环绕"水池**
设计：Simon Ovenstore
材料/工艺：PVC，混
凝土，河滩鹅卵石
面积：25~70m²（269~
753ft²）
公司：Clear Water
Revival，英国
网址：www.clear-water-
revival.com

（右图）
**环绕草坪及池沿带有喷泉
的游泳池**
设计：Frederika Moller
材料/工艺：青石池沿，灰
浆颜色的塔霍湖蓝色泳池
宽度：5.8m（19ft）
长度：17.7m（58ft）
公司：Frederika Moller
Landscape Architect，美国
网址：www.fmland.net

（右图）
水池，皇后公园水池
设计：CplusC
材料／工艺：
棚架架构：红色杉木
地板：蓝桉木
池沿：缅甸柚木
宽度（水池）：300cm（118in）
长度（水池）：800cm（315in）
公司：CplusC，澳大利亚
网址：www.cplusc.com.au

（上图）
带有游泳池的花园设计，地中海式别墅
设计：Catherine Heatherington
材料／工艺：当地石材墙，当地石灰石和板岩铺装
宽度（水池）：600cm（236in）
长度（水池）：1200cm（472in）
公司：Catherine Heatherington Designs，英国
网址：www.chdesigns.co.uk

（右图）
景观水池
设计：Secret Gardens of Sydney
材料／工艺：石材，木材，竹材
宽度（水池）：300cm（118in）
长度（水池）：900cm（354in）
公司：Secret Gardens of Sydney，澳大利亚
网址：www.secretgardens.com.au

（上图和左图）
带水池的花园设计
设计：Dan Gayfer（景观建筑师）
材料／工艺：混凝土，玻璃
宽度：300cm（118in）
长度：430cm（169in）
公司：Out From The Blue，澳大利亚
网址：www.outfromthebule.com.au

（右图）
水疗浴池，海滨 640
设计：Teuco
材料／工艺：优质甲基丙烯酸酯
宽度：225cm（88in）
长度：258cm（102in）
公司：Teuco，意大利
网址：www.teuco.com

（左图）
水疗浴池
设计：Yves Pertosa Group
材料／工艺：矿物质粉末树脂
高度：101~104cm（40~41in）
宽度：209cm（82in）
长度：360cm（141in）
深度：82cm（32in）
公司：Pertosa Group，法国
网址：www.sensoriel-spa.com

（上图）
带水池的花园设计
设计：Dan Gayfer（景观建筑师）
材料 / 工艺：混凝土，玻璃，不锈钢
宽度：2.3m（7$\frac{1}{2}$ft）
长度：12.9m（42ft）
公司：Out From The Blue，澳大利亚
网址：www.outfrom-thebule.com.au

（上图）
带水池的花园设计
设计：Dan Gayfer（景观建筑师）
材料 / 工艺：混凝土，陶瓷
宽度：450cm（177in）
长度：800cm（315in）
公司：Out From The Blue，澳大利亚
网址：www.outfrom-thebule.com.au

（左图）
水池，遥远的小水池
设计：Ludovica+ Roberto Palomba
材料 / 工艺：玻璃纤维
高度：100cm（39in）
宽度：261cm（103in）
长度：456cm（183in）
公司：Kos，意大利
网址：www.kositalia.com

各种水景

（上图）
水池，蓝月亮水池
设计：Jochen Schmiddem
材料 / 工艺：洁具用丙烯酸树脂，
柚木，不锈钢，水下使用铬合金，
防水遥控装置控制彩灯
高度：70.5cm（28in）
宽度：140 或 180cm（55 或 70in）
长度：140 或 180cm（55 或 70in）
深度：56cm（22in）
公司：Duravit，德国
网址：www.duravit.com

（上图）
水疗浴池，Infinéa
设计：Pertosa Group
材料 / 工艺：矿物质树脂
高度：103cm（40$\frac{1}{2}$in）
宽度：220cm（86in）
长度：288cm（113in）
深度：82cm（32in）
公司：Pertosa Group，法国
网址：www.sensoriel-spa.com

（右图）
浴盆，Napali 浴盆
设计：Mark Rogero
材料 / 工艺：混凝土
高度：64cm（25in）
宽度：152cm（60in）
厚度：107cm（42in）
公司：Concreteworks，美国
网址：www. concreteworks.com

（上图）
多用途水池（保健按摩池，动力按摩，涡流），小水池
设计：Aquilus
宽度：214cm（84in）
长度：402cm（157in）
公司：Aquilus，法国
网址：www. aquilus-piscine.com
网址：www. aquilus-spas.com

（上图）
水疗浴池，镜子 630
设计：Teuco
材料／工艺：优质甲基丙烯酸酯
宽度：235cm（92in）
长度：300cm（118in）
公司：Teuco，意大利
网址：www. teuco.com

（右图）
水疗浴池，立方体
设计：Pertosa Group
材料／工艺：矿物粉末树脂
高度：101~104cm
（40~41in）
宽度：209cm（82in）
长度：209cm（82in）
深度：82cm（32in）
公司：Pertosa Group，法国
网址：www.sensoriel-spa.com

113

（左图）
**水疗浴池，多洛米蒂
山小屋的水疗浴池**
设计：JM Architecture
材料／工艺：重蚁木，
钢
深度（热水浴缸）：
98cm（38in）
直径（热水浴缸）：
237cm（93in）
公司：JM Architecture，
意大利
网址：www.jma.it

（上图）
**可移动式木材燃烧热
水浴缸，荷兰浴缸**
设计：Floris Schoon-
derbeek
材料／工艺：聚乙烯纤
维，不锈钢
高度：84cm（33in）
宽度：170cm（67in）
长度：260cm（102in）
公司：Dutchtub，荷兰
网址：www.dutchtub.
com

（下图）
**水疗浴池，铸铜水疗
浴池**
设计：Diamond Spas
材料／工艺：铜
宽度：183cm（72in）
长度：229cm（90in）
深度：91cm（36in）
公司：Diamond Spas，
美国
网址：www.diamonds-
pas.com

（左图）
溢出的浴缸，池塘
设计：Käsch
材料/工艺：丙烯酸树脂，
聚酯纤维，木材，LED 彩灯
高度：65cm（25in）
宽度：120、130 或 150cm
（47、51 或 59in）
长度：200、210 或 220cm
（78、82 或 86in）
深度：50cm（$19^1/_2$in）
公司：Käsch，德国
网址：www. kaesch.biz

（上图）
溢出的浴缸，湖
设计：Käsch
材料/工艺：丙烯酸
树脂，聚酯纤维，石
材，混凝土，玻璃，铝，
LED 彩灯
高度：65cm（25in）
宽度：130cm（51in）
长度：220cm（86in）
深度：50cm（$19^1/_2$in）
公司：Käsch，德国
网址：www. kaesch.biz

（左图）
浴缸/休闲垫板，
Duravit 日光浴池
设计：EOOS Design
Group
材料/工艺：洁具用丙
烯酸树脂，防水木材，
防水遥控装置控制彩灯
高度：64cm（25in）
宽度：140cm（55in）
长度：210cm（82in）
深度：47cm（$18^1/_2$in）
公司：Duravit，德国
网址：www. duravit.
com

（上图）
水疗浴池，Flore Pertosa Group
材料 / 工艺：矿物质树脂
高度：103~104cm（40^1/$_2$~41in）
宽度：235cm（92in）
长度：260cm（102in）
深度：85cm（33in）
公司：Pertosa Group，法国
网址：www.sensoriel-spa.com

（对面页）
浴缸，Hinoki Cypress
设计：Ryu Kosaka
材料 / 工艺：木材
高度：63cm（24in）
直径：181.5cm（71in）
公司：Furo，日本
网址：www.furo.co.jp

（上图）
浴缸，漆器
设计：Yukio Hashimoto
材料 / 工艺：漆器
高度：55cm（21in）
宽度：90.5cm（35in）
长度：179cm（70in）
公司：Furo，日本
网址：www.furo.co.jp

（右图）
带有 42 英寸电视、DVD、CD、扬声器、可调节理疗系统的热水浴缸，银河 49
设计：Cal Spas
高度：236cm（93in）
宽度：100cm（39^1/$_2$in）
长度：236cm（93in）
公司：Cal Spas，美国
网址：www.calspas.com

（上图）
浴缸，Light LTT
设计：Jan Puylaert
材料 / 工艺：100% 可
回收聚乙烯
高度：60cm（23in）
宽度：85cm（33in）
长度：175cm（68in）
深度：45cm（$17^3/_4$in）
公司：Wet，意大利
网址：www.wet.co.it

（上图）
洗脸池，单的
设计：Martín Ruiz de
Azúa, Gerard Moliné
材料 / 工艺：塑料
高度：38cm（15in）
宽度：50cm（19in）
厚度：50cm（19in）
公司：Cosmic，西班牙
网址：www.icosmic.com

（左图）
便携式水槽，Hughie 水槽
设计：Ian Alexander
材料 / 工艺：可回收聚乙烯
高度：12cm（$4^3/_4$in）
宽度：38cm（15in）
长度：44cm（$17^3/_8$in）
公司：Hughie Products,
澳大利亚
网址：www.hughie.com.au

（右图）
水疗浴池，Evasion
设计：Pertosa Group
材料 / 工艺：矿物粉
末树脂
高度：101cm~104cm
（40in~41in）
宽度：209cm（82in）
长度：260cm（102in）
深度：82cm（32in）
公司：Pertosa
Group，法国
网址：www.sensoriel-
spa.com

（上图）
室外淋浴器，Dyno
设计：Moredesign
材料 / 工艺：聚乙烯，
铜镀铬，ABS
高度：229cm（90in）
宽度：38cm（15in）
厚度：86cm（33in）
公司：Myyour，意大利
网址：www.myyour.eu

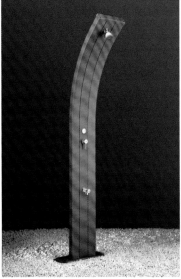

（上图）
**太阳能淋浴器，DADA
D 320**
设计：Jean Rusconi
材料 / 工艺：铝
高度：235cm（92in）
宽度：30cm（11$\frac{3}{4}$in）
厚度：18cm（7$\frac{1}{8}$in）
公司：Arkema，意大利
网址：www.arkmade-
sign.com

（右图）
室外淋浴器，海洋
设计：Dieter Peischl
材料 / 工艺：耐酸不
锈钢
高度：236cm（92in）
宽度：15cm（5$\frac{7}{8}$in）
厚度：50cm（19in）
公司：Designerzeit，
奥地利
网址：www.design-
erzeit.com

（上图）
**移动式室外淋浴器，
小瀑布**
设计：Jean-Pierre
Galeyn
材料 / 工艺：电镀钢，
洋槐木，尼龙
高度：220cm（86in）
宽度：70cm（27in）
长度：70cm（27in）
公司：Tradewinds，
比利时
网址：www.trade-
winds.be

（上图）
**室外淋浴器，Tolda（艺
术 983）**
设计：Sante
Martinuzzi
材料 / 工艺：不锈钢，
柚木
高度：230cm（90in）
宽度：76cm（29in）
公司：TPI srl，意大利
网址：www.teakpark-
line.it

（右图）
淋浴器，Doccia
设计：Adalberto
Mestre
材料 / 工艺：不锈钢
高度：215cm（84in）
宽度：40cm（15^3/$_4$in）
公司：Disegno srl，
意大利
网址：www.dimensio-
nedisegno.it

（左图）
淋浴器，瀑布淋浴器
设计：Mark Suensil-
pong
材料／工艺：柚木，
不锈钢
高度：218cm（86in）
宽度：100cm（39in）
厚度：105cm（41in）
公司：Jane Hamley
Wells，美国
网址：www.janeham-
leywells.com

（上图）
**室外淋浴器，Aqua
Bambù**
设计：Bossini Outdoor
Shower Systems
材料／工艺：不锈钢
高度：211cm（83in）
公司：Bossini SpA，
意大利
网址：www.bossini.it

（上图）
花园淋浴器，树荫之下
设计：Michael Sieger
材料／工艺：不锈钢
高度：230cm（90in）
宽度：39cm（15³/₈in）
厚度：11cm（4³/₈in）
公司：Conmoto，德国
网址：www.conmoto.com

（左图）
花园淋浴器，UNO
设计：Sebastian
David，Büscher
材料／工艺：不锈钢
高度：220cm（86in）
宽度：10cm（3⁷/₈in）
厚度：5cm（2in）
公司：Conmoto，德国
网址：www.conmoto.
com

各种水景

（右图）
淋浴器
设计：Danny Venlet
材料 / 工艺：塑料，不锈钢
高度：11cm（$4^3/_8$in）
直径：78cm（30in）
公司：Viteo Outdoors，奥地利
网址：www.viteo.at

（上图）
淋浴器，EWD
设计：Danny Venlet
材料 / 工艺：不锈钢
高度：210cm（82in）
直径（平板）：40cm（$15^3/_4$in）
公司：Coro，意大利
网址：www.coroitalia.it

（右图）
淋浴器，Khepri
设计：Staubach & Kuchertz
材料 / 工艺：拉丝不锈钢，进口木材
高度：240cm（94in）
宽度：106cm（42in）
厚度：106cm（42in）
公司：Metalco，意大利
网址：www.metalco.it

（右图）
**淋浴器，银色小瀑布
（Siena）**
设计：Manutti
材料／工艺：柚木，
不锈钢
高度：222cm（87in）
宽度：90cm（35in）
长度：90cm（35in）
公司：Manutti，比
利时
网址：www.manutti.
com

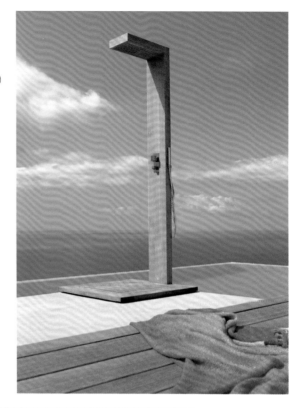

（上图）
独立式淋浴器，武士
设计：Newform Style and Design
材料／工艺：不锈钢
高度：253cm（100in）
公司：Newform SpA，意大利
网址：www.newform.it

（右图）
**移动式室外淋浴器，
Well Well**
设计：Jean-Pierre
Galeyn
材料／工艺：铝，洋槐
木
高度：11cm（4$^{3}/_{8}$in）
宽度：15cm（5$^{7}/_{8}$in）
长度：47cm（18$^{1}/_{2}$in）
公司：Tradewinds，
比利时
网址：www.trade-
winds.be

各种灯具及照明设备

Lighting

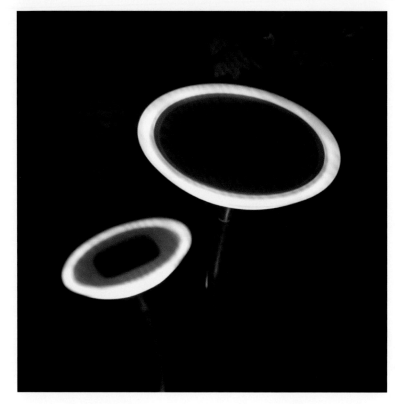

（上图）

太阳能灯具，日冕

设计：Shane kohatsu, Emi Fujita

材料/工艺：粉末涂层钢，聚碳酸酯，TPU，LED 光电板

高度：60~150cm（23~59in）

宽度：15cm（5⁷/₈in）

厚度：15cm（5⁷/₈in）

公司：Corona Solar light，美国

网址：www.coronasolarlight.com

（左图）

灯具，Mamanonmama

设计：Francesco Sani

材料/工艺：不锈钢

TC-B 23W E27 或 6LED

灯 × 1W

高度：50cm（19in）

宽度：33cm（13in）

公司：Menichetti Outdoor Lighting，意大利

网址：www.menichetti-srl.it

（左图）
灯具，天空
材料 / 工艺：铝，聚碳酸酯
设计：Alfredo Häberli
太阳能版本：8× 高效 LED 灯
高度：16、28、70cm（6$\frac{1}{4}$、
11 或 27in）
宽度：20cm（7$\frac{7}{8}$in）
厚度：20cm（7$\frac{7}{8}$in）
公司：Luceplan, 意大利
网址：www.luceplan.com

（上图）
灯具，Amanita
设计：Joan Verdugo
材料 / 工艺：铝
E27 15W FBT
高度：20cm（7$\frac{7}{8}$in）
直径：668m（11$\frac{3}{4}$in）
公司：Marset, 西班牙
网址：www.marset.com

（左图）
灯具，Tama
设计：Isao Hosoe
材料 / 工艺：彩色 ABS，
塑料聚乙烯
1×60W 最大 230V E27
或 1×23W 最大 230V
E27 荧光灯
高度：42cm（16$\frac{1}{2}$in）
直径：36cm（14$\frac{1}{8}$in）
公司：Valenti Srl, 意大利
网址：www.valentiluce.it

（上图）
**便携式可调节灯具，
Flexo**
设计：R. Florato, F.
Pagliarini
材料／工艺：塑料，铝，
不锈钢，玻璃
1× 最大 23W/ E27 紧凑
型荧光灯
高度：33 或 30cm（13
或 11³/₄in）
直径：17.5cm（6⁷/₈in）
公司：Klewe-Perform-
ance In Lighting，意大利
网址：www.pil-uk.com

（上图）
灯具，眼镜蛇
设计：Kris Van Puyvelde
材料／工艺：不锈钢
4×1W 电源 LED 灯
高度：60cm（23in）
宽度：13cm（5¹/₈in）
公司：Royal Botania，
比利时
网址：www.royalbotania.
com

（左图）
**室外地面嵌入式聚光灯，
Evoé**
设计：Marc Sadler
材料／工艺：铝，钢化条
纹玻璃，不锈钢
卤素灯，荧光灯或 LED 灯
宽度：24.8cm（9⁷/₈in）
长度：27cm（10⁵/₈in）
公司：Artemide SpA，意
大利
网址：www.artemide.com

（上图）
灯具，Panamá
设计：Mario Ruiz
材料 / 工艺：铝
LED 灯 6×1.2W
高度：45 或 65cm（17$^3/_4$ 或 25in）
宽度：37cm（14$^5/_8$in）
厚度：13cm（5$^1/_8$in）
公司：Metalarte SA，西班牙
网址：www.metalarte.com

（上图）
灯具设备，树枝
设计：Rotorgroup
for Modular Lighting
Instruments
材料 / 工艺：尼龙树脂，
热塑性塑料
LED 灯 6W- CDMR
PAR30- 紧凑型荧光灯
PAR30
高度（一个单元）：
30.1cm（11$^3/_4$in）（可
叠加三个单元）
直径：13cm（5$^1/_8$in）
公司：Modular Lighting
Instruments，比利时
网址：www.supermo-
dular.com

（上图）
**太阳能灯具，MIO 室内
外太阳能灯具**
设计：Jomo Salm
Roger C. Allen
材料 / 工艺：再生塑料，
充电池，太阳能模块
2× LED 灯
高度：16.5 或 30cm 杆
（6$^1/_2$ 或 12in 杆）
直径：10cm（4in）
公司：Target，美国
网址：www.target.com

（左图）
灯具，OCO 花园灯具
设计：Causas Externas
材料 / 工艺：涂漆铝，优质
再生可回收塑料
3× LED 灯
高度：33、55 或 99cm（13、
21 或 39in）
直径：15.5cm（6$^1/_8$in）
公司：Santa &Cole，西班牙
网址：www.santacole.com

（左图）
地面灯具，Toobo
设计：Marco Merendi
材料 / 工艺：铝
1×35W G×10（金属卤素灯）
高度：220cm（86in）
直径：9.5cm（3³/₄in）
公司：FontanaArte SpA，意大利
网址：www.fontana-arte.it

（上图）
灯具，LED 摇摆灯杆
设计：Achim Jungbluth
材料 / 工艺：铝，聚碳酸酯
8LED 灯，一共 4W，LED 灯可用颜色有红色、黄色、蓝色、绿色和白色
高度：150、200 或 250cm（59、78 或 98in）
直径：4cm（1⁵/₈in）
公司：LFF Leuchten GmbH，德国
网址：www.iff.de

（右图）
灯具，Koivu
设计：Mike Radford
材料 / 工艺：桦木板或不锈钢
80 聚光灯 /E27
爱迪生螺丝钉
高度：200~400cm（78~157in）
直径：21~26cm（8¹/₄~10¹/₄in）
公司：4ddesigns，英国
网址：www.4ddesigns.co.uk

（左上图）
无线光源，Havaleena 火炬
设计：Tayo Design Studio
材料 / 工艺：铝，丙烯酸
树脂
1W LED 灯
高度（固定装置）：6m
（20ft）
公司：Tayo Design Studio，
美国
网址：www.tayodesign.
com

（上图）
灯具，灯树
设计：Alexander Lervik
材料 / 工艺：塑料，钢，纤维
光学纤维和 150W 卤素投射灯
高度：150~400cm（59~157in）
直径：100~200cm（39~78in）
公司：SAAS Instruments，
芬兰
网址：www.saas.fi

（上图）
**无线光源，Havaleena
灯光花束**
设计：Tayo Design
Studio
材料 / 工艺：铝，内
烯酸树脂
1W LED 灯
高度（固定装置）：
51cm（20in）
公司：Tayo Design
Studio，美国
网址：www.tayode-
sign.com

（右图）
灵活的杆状灯具
设计：Thomas Bernstrand,
Eliason
材料 / 工艺：铝，丙
烯酸树脂，聚碳酸酯
42W TC-TEL HF，
57W TC-TEL 或 70W
HIE/HIT
高度：300cm（118in）
直径：47.7cm（18$^{7}/_{8}$in）
公司：Louis Poulsen
Lighting，瑞典
网址：www.louispou-
lsen.com

各种灯具及照明设备

（右图）
灯具，心大星
设计：Chris Tornton
材料／工艺：涂层金属
LED 灯
高度：65~200cm（25~
78in）
直径：66、85 或 200cm
（26、33 或 78in）
公司：Abraxus Lighting，
英国
网址：www.abraxuslighting.co.uk

（右图）
灯具，Sol–air
设计：Nathalie Dewez
材料／工艺：碳纤维，钢，
卤素灯最大 1×50W
高度：250、270 或
295cm（98、106 或
116in）
直径：20cm（7$^7/_8$in）
公司：Nathalie Dewez
Studio，比利时
网址：www.n-d.be

（左图）
灯具，Jerry
设计：Luca Nichetto，Carlo
Tinti
材料／工艺：硅
60W/220W/240W
高度：27cm（10$^5/_8$in）
宽度：16cm（6$^1/_4$in）
厚度：14cm（5$^1/_2$in）
公司：Casamania，意大利
网址：www.casamania.it

（上图）
灯具，Firewinder®–
独创的风能灯具
设计：Tom Lawton
材料／工艺：丁二烯苯
乙烯树脂，丙烯酸树
脂，不锈钢，铝，低
碳钢，铜，钕铁硼磁
体（发电机），表面安
装 LED 电子元件
公司：The Firewinder
Company Limited，
英国
网址：www.firewinder.
com

（左图）
多功能灯具，Uto
设计：Lagranja Design
for Companies and
Friends
材料／工艺：硅胶
1×60W 白炽灯 /1×
23W 荧光灯
长度：320cm（126in）
直径：20cm（7⁷/₈in）
公司：Foscarini srl，意
大利
网址：www.foscarini.
com

（右图）
灯具隔离物，雕塑灯具，
白雪
设计：Alberto Sänchez
材料／工艺：白色，涂漆
钢 LED 灯
高度：200cm（78in）
宽度：40cm（15³/₄in）
长度：40cm（15³/₄in）
公司：Eneastudio，西
班牙
网址：www.encastudio.
com

各种灯具及照明设备

（对面页）
灯具，Duna
设计：Antonio Miró
材料 / 工艺：铝，甲基
丙烯酸酯
2×E27 75W / 2×15W
E27 FBT
高度：176.5cm（69in）
直径：43cm（16⁷/₈in）
公司：Marset，西班牙
网址：www.marset.com

（右图）
灯具，室外的牛肝菌
设计：Jorge Pensi
材料 / 工艺：铝，聚乙烯，
荧光灯泡
2×36W（2G11）
高度：59cm（23in）
直径：51cm（20in）
公司：B.Lux，西班牙
网址：www.grupoblux.
com

（上图）
灯具，LUA（LU01）
设计：Martin Azúa
材料 / 工艺：白色聚
乙烯
1 个紧凑型荧光灯泡：
E27-1×20W
高度：50cm（19in）
直径：40cm（15³/₄in）
公司：Arturo
Alvarez，西班牙
网址：www.arturo-
alvarez.com

（左图）
灯具，Mora
设计：Javier Mariscal
材料 / 工艺：聚乙烯，
节能 RGB LED 灯
高度：58 或 103cm
（22 或 41in）
宽度：28 或 33cm（11
或 13in）
长度：28 或 33cm（11
或 13in）
公司：Vondom，西班牙
网址：www.vondom.
com

（上图）
地板灯具，温暖的室外
设计：Enrico Franzolini
材料 / 工艺：聚乙烯，
金属
荧光灯 最大 1×18W
G24q-2
高度：160cm（63in）
宽度：55cm（21in）
厚度：60cm（23in）
公司：Karboxx srl，
意大利
网址：www.karboxx.
com

134

各种灯具及照明设备

（右图）
灯光扶手椅，变化
设计：Alain Gilles
材料 / 工艺：高密度聚
乙烯
照明器 60W E27
高度：72.2cm（28in）
宽度：74.7cm（29in）
厚度：65.5cm（26in）
公司：Qui est Paul?,
法国
网址：www.qui-est-
paul.com

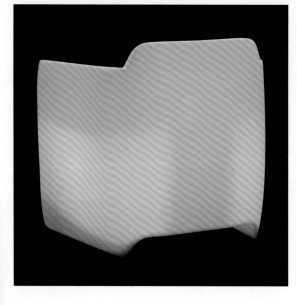

（上图）
灯具,灯光立方体（氛围）
设计：Wolfgang Pichler
材料 / 工艺：不锈钢，乳
色丙烯酸树脂玻璃
RGB-LED 电路板，每个
上面有 24 个 LED 灯 / 防
护等级 IP 65
高度：45cm（17$\frac{3}{4}$in）
宽度：40cm（15$\frac{3}{4}$in）
长度：40cm（15$\frac{3}{4}$in）
公司：Viteo Outdoors,
奥地利
网址：www.viteo.at

（右图）
**座椅和灯具，Bdlove
灯具**
设计：Ross Lovegrove
材料 / 工艺：旋转式模
压聚乙烯
高度：300cm（118in）
宽度：120cm（47in）
厚度：141cm（56in）
公司：Bd Barcelona,
西班牙
网址：www.bdbarcel-
ona.com

（右图）
冰凉的盒子 / 气氛制造器 / 花园灯具 / 长凳，冰块立方
设计：Danny Venlet
材料 / 工艺：旋转式模压聚乙烯
适合 IP65 的 TL+2 TL
蓝色灯（2×36W）
高度：50cm（19in）
宽度：50cm（19in）
长度：150cm（59in）
公司：Extremis，比利时
网址：www.extremis.be

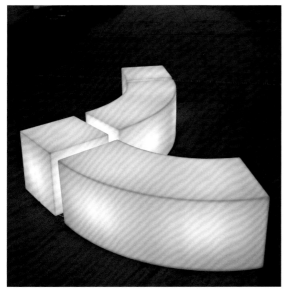

（上图）
发光的模块化弯曲长凳，蛇
材料 / 工艺：聚乙烯
节能灯泡：2×E27-15W
高度：43cm（16⅞in）
宽度：123cm（48in）
长度：43cm（10⅛in）
公司：Slide srl，意大利
网址：www.slidedesign.it

（上图）
发光的临时桌椅，Meteor 灯具
设计：Arik Levy
材料 / 工艺：聚乙烯
1 个节能荧光灯 20W（E27）
高度：30、32 或 34cm
（11¾、12⅝ 或 13⅜in）
宽度：50、52 或 69cm
（19、20 或 27in）
长度：57、87 或 117cm
（22、34 或 46in）
公司：Serralunga，意大利
网址：www.serralunga.com

（上图和左图）
灯具，Harry 和 Harry Jardín
设计：Porcuatro，Toni Pallejá
材料 / 工艺：不锈钢，聚乙烯
1×23 最大（E-27 节能灯）
高度（Harry）：26cm（10¼in）
高度（Harry Jardín）：34cm（13⅜in）
直径：48cm（18⅞in）
公司：Carpyen S.L.，西班牙
网址：www.carpyen.com

各种灯具及照明设备

（右图）
墙壁灯，Moo
设计：Ove Rogne，
Trond Svendgård
材料 / 工艺：聚乙烯
树脂
节能灯泡（E14-
2×5W 角部，E27-
2×20W 头部）
高度：75cm（29in）
宽度：75cm（29in）
厚度：57cm（22in）
公司：Northern
Lighting AS，挪威
网址：www.northern-
nlighting.no

（上图）
**灯具，室外的异形
灯具**
设计：Constantin
Wortmann，Buro für
Form
材料 / 工艺：聚乙烯，
E27 钢，推荐使用
ESL（节能灯）
（一般灯泡：中尺寸，
最大 40W；加大尺寸，
最大 150W）
高度：66 或 11cm（26
或 44in）
直径：28 或 48cm（11
或 18⁷/₈in）

公司：Next，德国
网址：www.next.de

（右图）
**室外地面灯和台灯，室
外的原子球**
设计：Hopf &
Wortmann
材料 / 工艺：旋转式模
压聚乙烯
6×E14 12W 荧光灯
高度：52cm（20in）
宽度：62cm（24in）
长度：57cm（22in）
公司：Kundalini srl，
意大利
网址：www.kundalini.it

138

（上图）
便携式灯具，Pirámide
设计：José A.Gandia-Blasco
材料 / 工艺：聚乙烯，荧光灯
高度：181cm（72in）
宽度：30cm（12in）
厚度：30cm（12in）
公司：Gandia Blasco SA，西班牙
网址：www.gandiablasco.com

（右图）
灯具，室外水滴型灯具 4
设计：Hopf + Wortmann，Büro für Form
材料 / 工艺：聚乙烯，铝
推荐使用 E27，ESL（节能灯）
（普通灯泡：最大 100W）
高度：100cm（39in）
直径：36cm（14⁷/₈in）
公司：Next，德国
网址：www.next.de

（左图）
灯具系列，树 4000
设计：Pata Wann
材料 / 工艺：聚乙烯
2×PL-L 120V 36W
（4000-03）
2×PL-L 120V 24W
（4005-03）
1×PL-T 3 倍 4-Pin
120V 18W（4010-03）
高度：64、184 或 260cm（25¹/₄、72¹/₂ 或 102in）
公司：Vibia inc，美国
网址：www.vibialight.com

（上图）
灯具，装饰用灯
设计：Emmanuel Gallina
材料/工艺：硅树脂
1×E27-30W 荧光灯
FBT 或 1×E27-40W
白炽灯 IAA/C
高度：27cm（$10^5/_8$in）
直径：15cm（$5^7/_8$in）
公司：Rotaliana srl，意大利
网址：www.rotaliana.it

（上图）
灯具，灯光树
设计：Loetizia Cenzi
材料/工艺：聚乙烯
节能灯泡：1×E27-15W
高度：45、100、150 或 200cm（$17^3/_4$、39、59 或 78in）
宽度：30、64、95 或 130cm（$11^3/_4$、25、37 或 51in）
公司：Slide srl，意大利
网址：www.slidedesign.it

（右图）
灯具，我的小花
设计：Flavio Lucchini
材料/工艺：聚乙烯
节能灯泡：3×E27-25W
高度：180cm（70in）
宽度：120cm（47in）
厚度：20cm（$7^7/_8$in）
公司：Slide srl，意大利
网址：www.slidedesign.it

（上图）
发光的座椅，Campanone
座椅
设计：Paolo Grasselli
材料 / 工艺：聚乙烯
可通过连接 230V 交流电
或太阳能充电，也可直接
接入 230V 交流电使用。
高度：42cm（16$^1/_2$in）
直径：33cm（13in）
公司：Modo Luce srl，意
大利
网址：www.modoluce.com

（上图）
花瓶，Giò Monster 灯具
设计：Giò Colonna
Romano
材料 / 工艺：聚乙烯
灯泡：1×E27 节能灯
105W
高度：92、133 或 184cm
（36、52 或 72in）
直径：110、145 或 210cm
（43、57 或 82in）
公司：Slide，意大利
网址：www.gnr8.biz

（左图、上图和右图）
便携式灯具，Grumo
设计：Stéphane Joyeux
材料 / 工艺：铝，聚甲
基丙烯酸甲酯
节能灯（荧光灯泡或
LED 灯）
直径：42~72cm（16$^1/_2$~
28in）
公司：Roger Pradier
Lighting，法国
网址：www.roger-
pradier.com

各种灯具及照明设备

（右图）
地面灯，Bag
设计：Carlo Colombo
材料 / 工艺：热塑性塑料
灯泡：
1× 最大 60W E14 圆形
乳色玻璃
2× 最大 100W E27 乳色
玻璃；调光器
高度：140cm（55in）
宽度：68cm（26in）
厚度：31cm（12$\frac{1}{4}$in）
公司：Penta srl，意大利
网址：www.pentalight.it

（对面页）
灯具，Kanpazar
设计：Jon Santacoloma
材料 / 工艺：聚乙烯
荧光灯泡 2×55W
（2G11）或 2×21W
（G5）
高度：80 或 150cm（31
或 59in）
公司：B.Lux，西班牙
网址：www.grupoblux.
com

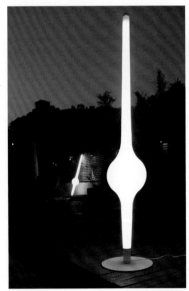

（上图）
灯具，柱状灯
设计：Michael Young
材料 / 工艺：低密度聚乙
烯，钢
1×70W T8 荧光灯
高度：196cm（77in）
直径（最宽）：30cm（11$\frac{3}{4}$in）
直径（基座）：40cm（15$\frac{3}{4}$in）
公司：Innermost，英国
网址：www.innermost.net

（右图）
灯具，Havana 室外灯具
Terra
设计：Jozeph Forakis
材料 / 工艺：聚乙烯
1×60W 白炽灯 /1×23W
荧光灯
高度：170cm（66in）
直径：23cm（9in）
公司：Foscarini srl，意
大利
网址：www.foscarini.com

（右图）
水池灯具，防水
设计：Héctor Serrano
材料 / 工艺：聚乙烯
E-10 4.8V 0.75A
高度：53cm（20in）
宽度：23cm（9in）
公司：Metalarte SA，西
班牙
网址：www.metalarte.
com

（上图和右图）
灯钵，Giò Piatto 灯
设计：Giò Colonna
Romano
材料 / 工艺：聚乙烯
节能灯泡：1×E27-
25W
高度：48 或 50cm
（$18^7/_8$ 或 19in）
直径：145 或 210cm
（57 或 82in）
公司：Slide srl，意
大利
网址：www.slidede-
sign.it

（左图）
**带有太阳能电池的 LED
灯桌，Ivy**
设计：Paoal Navone
材料 / 工艺：金属
LED 灯
高度：40cm（$15^3/_4$in）
直径：53cm（20in）
公司：Emu Group SpA，
意大利
网址：www.emu.it

（左图）
室外遮阳伞，桌子和灯具系统，Pólight
设计：J.M.Ferrero
材料／工艺：电镀金属，防水纤维
内部 LED 灯光系统
高度（遮阳伞）：200cm（78in）
直径：180cm（70in）
公司：Puntmobles S.L.，西班牙
网址：www.puntmobles.es

（上图）
阳台灯具，吊索
设计：Michael Hilgers
材料／工艺：不锈钢，聚碳酸酯
F14 节能灯
高度：☐☐☐☐☐☐☐☐☐
直径：17cm（6$\frac{3}{4}$in）
公司：Rephorm，德国
网址：www.rephorm.de

（右图）
灯具，Zola
设计：Uli Guth
材料／工艺：不锈钢，铝
E-14 最大 2×40W 一对 /2-G 13 22W
高度：65 或 100cm（25 或 39in）
直径：29cm（11$\frac{3}{8}$in）
公司：Metalarte SA，西班牙
网址：www.metalarte.com

145

各种灯具及照明设备

（左图）
灯具，土壤灯具
设计：Marieke Staps
材料 / 工艺：玻璃，铜，锌，
土壤，LED 灯
高度：30cm（11³/₄in）
宽度：15cm（5⁷/₈in）
厚度：15cm（5⁷/₈in）
公司：Marieke Staps，荷兰
网址：www.mariekestaps.nl

（上图）
灯具，Nanit t1
设计：Ramon Ubeda,
Otto Canalda
材料 / 工艺：旋转式模压
聚乙烯
E-27 最大 150W 卤素灯
直径：40cm（15³/₄in）
公司：Metalarte SA，西
班牙
网址：www.metalarte.
com

（右图）
地面灯具，Flora
设计：Future Systems
材料 / 工艺：铝，聚乙烯
1×24W 2G11（荧光灯）
高度：208cm（82in）
宽度(弧形)：172cm(68in)
直径：43cm（16⁷/₈in）
公司：FontanaArte SpA,
意大利
网址：www.fontanaarte.it

（上图）
小型建筑，Sitooterie Ⅱ
设计：Thomas
Heatherwick
材料／工艺：阳极氧化铝，
铝管端头固定橙色丙烯酸
树脂
高度：240cm（94in）
宽度：240cm（94in）
长度：240cm（94in）
公司：Heatherwick
Studio，英国
网址：www. heatherwick.
com

（上图）
灯具设备，海胆柔光灯
设计：Todd MacAllen，
Stephanie Forsythe
材料／工艺：无纺布聚乙
烯织物（Tyvek®）
5~15W 紧凑型荧光灯／
110~120V（美国），
220~240V（欧洲）
26.5cm×30cm（10^1/$_2$in×
11^1/$_2$in）
42cm×43.5cm（16^1/$_2$in×
17in）
57cm×57cm（22^1/$_2$in×
22^1/$_2$in）
76cm×76cm（30in×
30in）
公司：molo design，加
拿大
网址：www.molodesign.
com

（右图）
灯具设备，灯的小屋
设计：Thomas Sandell
材料／工艺：白色涂
层金属，亚光丙烯酸
树脂
75W E27 或 18W 紧
凑型荧光灯
高度：60cm（23in）
宽度：30cm（11^3/$_4$in）
厚度：40cm（15^3/$_4$in）
公司：Zero，瑞典
网址：www.zero.se

147

（左图）
**日光室外灯具，生命
的阳光**
设计：Wolfgang
Pichler，Robert
Steinbock
材料/工艺：电镀和粉
末涂层钢，白色丙烯酸
树脂玻璃
高度：185cm（72in）
直径：47cm（18$\frac{1}{2}$in）
公司：Viteo
Outdoors，奥地利
网址：www.viteo.at

（上图）
**灯具，Grande
Costanza Open Air**
设计：Paolo Rizzatto
材料/工艺：不锈钢，
聚碳酸酯
250W（HSGST E27）
或 23W（FBT E27）
高度：230cm（90in）
直径：70cm（27in）
公司：Luceplan，意
大利
网址：www.luceplan.
com

（左图）
灯具，内外
设计：Ramón Ubeda，Otto
Canalda
材料/工艺：聚乙烯
E-27 最大 60W / E-27 最大
2×23W
高度：215cm（84in）
直径：52cm（20in）
公司：Metalarte SA，西班牙
网址：www.metalarte.com

（下图）
灯具，露台上的丁香
设计：Antonio Citterio with
Toan Nguyen
材料 / 工艺：铜
LED 灯
高度：50 或 90cm（19 或
35in）
直径：9cm（3¹/₂in）
公司：Flos SpA，意大利
网址：www.flos.com

（右图）
灯具，灯柱
设计：Jan Jander
材料 / 工艺：丙烯酸树脂，
铝，白色混凝土
150W 卤素泛光灯或 23W
荧光泛光灯
高度：122cm（48in）
宽度：30cm（12in）
长度：30cm（12in）
公司：Jan Jander Archi-
tecture+Design LLC，美国
网址：www.janjanderad.
com

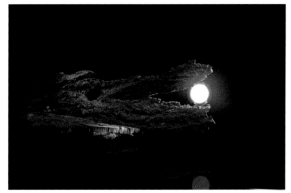

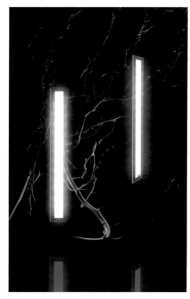

（上图和右图）
**多合一灯具系统，发光
的叶片**
设计：Philips Design
有机 LED 灯（OLED 灯）
公司：Philips，荷兰
网址：www.philips.com

（上图）
灯具设备，室外的 JJ
设计：Centro Stile
材料 / 工艺：铝
1× 最大 70W GX24q-6
高度（最大扩展）：420cm
（165in）
长度（最大扩展）：385cm
（152in）
直径（扩散）:56.4cm（22in）
公司：I T re.（FDV Group
SPA 的子品牌），意大利
网址：www.fdvgroup.com

（上图）
灯具，地面 A
设计：Alfredo Chiaramonte,
Marco Marin
材料 / 工艺：玻璃纤维
LED 灯
高度（最大）：200cm（78in）
直径（底部）：60cm（23in）
公司：Emu Group SpA，意
大利
网址：www.emu.it

（左图）
**地面灯具，室外 Super-
Archimoon**
设计：Philippe Starck
材料 / 工艺:聚碳酸酯,
不锈钢
1× 最大 230W E27
QT48 HSGS/F
高度：214cm（84in）
宽度：242cm（95in）
公司：Flos SpA，意
大利
网址：www.flos.com

（上图）
吊灯，Campanone Sospenzione
设计：Paolo Grasselli
材料 / 工艺：聚乙烯
IP68 电线
直径：33 或 51cm（13 或 20in）
公司：Modo Luce srl，意大利
网址：www.modoluce.com

（左图）
灯具，Mary 小姐
设计：Marc Sadlor
材料 / 工艺：喷漆和条纹
饰面的聚乙烯
2 个荧光灯 2×28W
高度：208cm（82in）
直径（顶部）:70cm（27in）
直径（底部）:53cm（20in）
公司：Serralunga，意大利
网址：www.serralunga.com

（上图）
室外灯具，Wanda
设计：Leonhard Palden
材料 / 工艺：花岗石，电
镀粉末涂层钢
LED 灯，电池供电
高度：212cm（83in）
直径：29cm（11³/₈in）
长度：150cm（59in）
公司：Viteo Outdoors，澳
大利亚
网址：www.viteo.at

雅松·布鲁热斯

雅松·布鲁热斯（Jason Bruges）称自己是一名"由建筑师转变成的创新型艺术家"，又是一位涉足于艺术设计、建筑设计和交互设计各学科之间、具有创造性的独立设计师。他于 2001 年在伦敦的新兴艺术区建立了工作室，在全球有许多的设计项目，范围涵盖了建筑设计、装置艺术、智能设计、交互设计。他对城市和城市空间，以及人们如何使用这些空间非常感兴趣，通过一种动态的、夸张的照明方式去描绘新的空间和想法。这个设计团队包含了优秀的建筑师、布景设计师、照明设计师和交互设计师，使得设计作品的范围很宽泛。一些随机选择的项目反映了这个设计工作室设计作品的规模和范围：例如在伦敦塔桥上的照明装置（2008 年）；与 Established & Sons 共同设计的室内灯具（2009 年）；以及乔治·迈克尔现场演出上的交互视觉系统（2006 年）。最近，这个工作室与 Martin Richman 共同在"伦敦 2012 奥林匹克之桥竞赛"中获胜，为奥林匹克公园设计视觉、听觉、照明和触觉的元素和装置。

布鲁热斯站在照明技术和革新的尖端位置，他工作的核心是对照明潜能和效果的研究。"我把光看做是一种媒介，"他说，"它是动态的、可塑的、可控的、灵活的，并且与许多其他事物相关联，与结构、材料、声音以及其他同灯光同时变化的东西相交织。"他继续说，"工作室进行动态的、短暂的、以时间为基础的工作，这些工作大部分与照明打交道，但是也有一些元素用来作为照明的补充，比如具有建筑特性的东西——声音、结构、震动。照明在西方视觉文化的前沿被认为是最重要的，所以它在我们研究和实际工作中占有最重要的位置。"

布鲁热斯是建筑师出身，曾在伦敦和香港的 Foster & Partners 工作，但是他对声音与灯光的着迷，使得他在 Imagination 公司做一名交互设计师，从事实验性的设计表演。家用花园不是布鲁热斯擅长的领域，他倾向于在大尺度的空间工作。作为一名创新者，他的工作将直接影响到未来的园艺设计。

正如你所想的，一个人的作品怎么会如此多样，布鲁热斯的灵感来源如同他工作室的项目一样多种多样。"我崇拜像 Moholy Nagy 这样的人，"他说，"用光创造戏剧性的布景和动态效果，同样也崇拜像巴克敏斯特·富勒这样运用结构的人。"布鲁热斯也提到了美国著名的艺术家 James Turrell，他用灯光去创造完美的空间，以及建筑师 Cedric Price，布鲁热斯称赞他"将空间变得更具有适用性和灵活性。"

为什么布鲁热斯认为人们对室外照明产生了前所未有的关注度呢？"照明，"他说，"是一个不断发展的领域，都市公共空间和办公建筑中美妙的照明设计越来越多地展现在了人们面前，照明技术也在发展，目前还是发展的初期。"他把人们对于室外的着迷视作一种状态，"人们对短暂的、善变的、动态的东西有着无限的追求，无论是篝火还是吹过树梢的风，正是这种特性让人愉悦。"

布鲁热斯对于园艺设计的下一个重大事件的预测是什么呢？"有机 LED 灯（OLED 灯），"他说，"将会革新人们使用灯光的方式。"小巧、节能的 OLED 灯以碳为主要材料制成，因此，意味着他们可以做成非常精巧纤薄的片体。飞利浦的 Lumiblade 正是应用这项技术的一个例子，

它完全地改变了我们为了强化建筑、景观或者物体而操控照明的方式。Lumiblade 独有的特质是具有几乎任何颜色的、持久恒定的灯光，不像传统 LED 灯，它可以均匀地照亮很大的区域。"另一个有趣的领域，"布鲁热斯说，"是用激光作为光源。"

布鲁热斯还会继续向家庭花园方面发展吗？"我们和很多景观设计师合作，"他说，"我们正在策划切尔西花卉展。"如果布鲁热斯工作室不断完善这个想法，可以确定的是，在那里照明依然还是绝对的主导。

（左图）
灯具，风能灯具
设计：Judith de Graauw
材料 / 工艺：聚酯纤维，钢
4 个 LED 灯
高度：240cm（94in）
直径：215cm（84in）
厚度：38cm（15in）
公司：Demakersvan，荷兰
网址：www.demakersvan.com

（上图）
带有 LED 灯和风能涡轮机的灯具，Mathmos 风能灯具
设计：Jason Bruges
材料 / 工艺：聚丙烯
3 个 LED 灯（没有交流电，没有电池，只是风能）
高度：20cm（7$^7/_8$in）
公司：Mathmos ltd，英国
网址：www.mathmos.com

（右图）
油灯，光的小屋
设计：Christian Bjørn
材料 / 工艺：瓷器，不
锈钢，灯油
高度：24.5、37.5、
52.5 或 67.5cm（$9^7/_8$、
15、20 或 26in）
直径：13.5、15、18
或 19cm（$5^3/_8$、$5^7/_8$、
$7^1/_8$、或 $7^1/_2$in）
公司：Menu A/S，丹麦
网址：www.menu.as

（上图）
火把，Lympos
设计：Flöz Design
材料 / 工艺：不锈钢，
木材
高度：155cm（61in）
直径：17cm（$6^3/_4$in）
公司：Blomus
GmbH，德国
网址：www.blomus.
com

（右图）
火把，Palos
设计：Flöz Design
材料 / 工艺：不锈钢，
木材
高度：151cm（59in）
直径：4cm（$1^5/_8$in）
公司：Blomus GmbH，
德国
网址：www.blomus.com

（下图和右图）
**水瓶太阳能 LED 灯具，
SOLARBULB™**
设计：MINIWIZ Design
Team
材料 / 工艺：ABS/PP
塑料
0.1W 大功率 LED 灯
直径：1cm（$^3/_8$in）
公司：MINIWIZ
Sustainable Energy
Development Ltd，中
国台湾
网址：www.hymini.com
网址：www.miniwiz.com

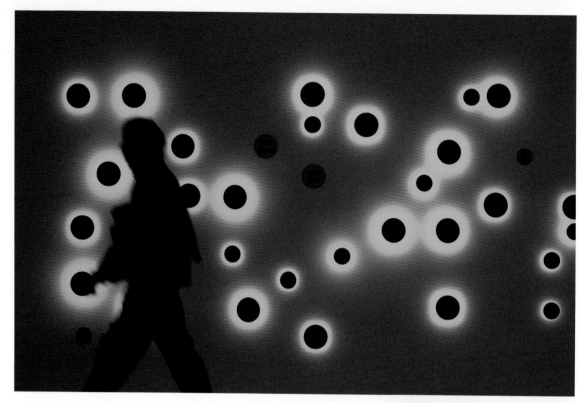

（上图）
灯具控制设备，Kaleido 灯具
设计：Kawamura-Ganjavian
(Studio KG)
材料 / 工艺：玻璃，铝
反射自然光
宽度（手柄）：22cm（$8^5/_8$in）
宽度（玻璃）：14cm（$5^1/_2$in）
长度：68cm（26in）
公司：Solfox Design，西班牙
网址：www.solfoxdesign.com
网址：www.studio-kg.com

（上图）
灯具，Dio
设计：Jonas Kressel，Lvo
Schelle
材料 / 工艺：亚光阳极氧化铝
QPar-CBC
16/50W/230V/GZ 10/ 低温
直径（灯具）：14cm（$5^1/_2$in）
公司：IP44 Schmalhorst
GmbH & Co.KG，德国
网址：www.ip44.de

（右图）
地面灯具，Tamburo 灯杆
设计：Tobia Scarpa
材料 / 工艺：压铸铝
1×57W GX24q-5 TC-T/E
FSQ
直径：35cm（$13^3/_4$in）
公司：Flos SpA，意大利
网址：www.flos.com

（左图）
板条灯具，Wave®
设计：Verónica Martinez
LG 豪美思 LED 灯，220V
高度：300cm（118in）
宽度：135cm（53in）
厚度：15cm（5⁷/₈in）
公司：Touch By，西班牙
网址：www.touchby.com

（上图）
灯具，锥形光束灯具
设计：Jonas Kressel，
Jun Schelle
材料 / 工艺：亚光不
锈钢
PAR38/ 最大
120W/E27 或 LED
灯 -W10×2.5W/LED
灯 -RGB 14×2.5W
直径：14cm（5¹/₂in）
公司：IP44
Schmalhorst GmbH
& Co. KG，德国
网址：www.ip44.de

（左图）
罐喷紫外线灯具和发光的帆布，可发光的涂鸦
设计：Random
International
公司：The Glow
Company Ltd，英国
网址：www.glow.co.uk

各种灯具及照明设备

（左图）
灯具设备，Base
设计：R.Aosta
材料/工艺：压铸铝，
丙烯酸树脂
18W 紧凑型荧光灯或
LED 灯
高度：10cm（$3^7/_8$in）
宽度：30cm（$11^3/_4$in）
厚度：10.7cm（$4^3/_8$in）
公司：Zero，瑞典
网址：www.zero.se

（上图）
壁灯，Medito
设计：Marco Mascetti,
MrSmith Studio
材料/工艺：压铸铝
3×1W 12V LED 灯
高度：7.5cm（3in）
长度：5.8cm（$2^1/_4$in）
厚度：7.5cm（3in）
公司：FontanaArte
SpA，意大利
网址：www.fontanaa-
rte.it

（上图）
**灯具，室外的 Morgan
45°**
设计：Daifuku Design
材料/工艺：铝
1×9W 最大（G×53）
或 1×1.5W 最大（G×
53）
LED 灯型号
长度：16cm（$6^1/_4$in）
厚度：8.7cm（$3^1/_2$in）
公司：Carpyen S.L.，
西班牙
网址：www.carpyen.
com

（左图）
**壁装或吊顶的泛光灯，
Nikko+21/VV**
设计：Roberto Fiorato
材料/工艺：铝，玻璃，
不锈钢
1× 最大 13W 紧凑型
荧光灯
直径：21.3cm（$8^1/_4$in）
长度：14.8cm（$5^7/_8$in）
厚度：13cm（$5^1/_8$in）
公司：Prisma-Perfor-
mance in Lighting,
意大利
网址：www.pil-uk.
com

（上图）
灯具设备，Droppen
设计：Thomas Sandel
材料／工艺：压铸铝，
玻璃
75W E27 或 13/18W
紧凑型荧光灯
高度：25cm（9$^7/_8$in）
厚度：20cm（7$^7/_8$in）
公司：Zero，瑞典
网址：www.zero.se

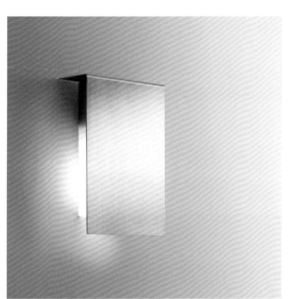

（上图）
壁灯，Corrubedo
设计：David Chipperfield
材料／工艺：不锈钢，聚碳酸酯
1×27W 最大 E27（荧光灯）
高度：30cm（11$^3/_4$in）
长度：21cm（8$^1/_4$in）
厚度：9cm（3$^1/_2$in）
公司：FontanaArte SpA，意大利
网址：www.fontanaarte.it

（上图）
灯具设备，Allright
设计：Per Sundstedt
材料／工艺：阳极氧化铝，
丙烯酸树脂
18W 紧凑型荧光灯
高度：9cm（3$^1/_2$in）
长度：26cm（10$^1/_4$in）
公司：Zero，瑞典
网址：www.zero.se

（上图）
灯具设备，A.01
设计·Kjellander &
Sjöberg Arkitektkontor
材料／工艺：阳极氧化铝，
丙烯酸树脂
75W E27 或 18W 紧凑型
荧光灯
高度：19cm（7$^1/_2$in）
宽度：18.5cm（7$^1/_4$in）
厚度：23cm（9in）
公司：Zero，瑞典
网址：www.zero.se

各种灯具及照明设备

（右图）
灯具，罐状灯具
设计：Ron Arad
材料 / 工艺：聚乙烯
1 个节能荧光灯 20W
（E27）
高度：100cm（39in）
直径：65cm（25in）
公司：Serralunga，意
大利
网址：www.serralunga.
com

（上图）
灯具，花盆灯具
设计：Luisa Bocchietto
材料 / 工艺：聚乙烯
1 个节能荧光灯 20W
（E27）
高度：120cm（47in）
直径（顶部）：130cm
（51in）
直径（底部）：70cm
（27in）
公司：Serralunga，
意大利
网址：www.serralunga.
com

（左图）
灯具，新型高罐灯具
设计：Paolo Rizzatto
材料 / 工艺：聚乙烯
1 个节能荧光灯 20W
（E27）
高度：90cm（35in）
直径（顶部）：35cm
（13³/₄in）
直径（底部）：24cm
（9¹/₂in）
公司：Serralunga，
意大利
网址：www.serralunga.
com

（上图）
**多功能休闲凳和灯具，
牛肝菌灯具**
设计：Aldo Cibic
材料 / 工艺：聚乙烯
1 个节能荧光灯 20W
（E27）
高度：50cm（19in）
直径（座位）：35cm
（13³/₄in）
公司：Serralunga，意
大利
网址：www.serralunga.
com

（上图）
顶灯，室外的 Romeo
C3
设计：Philippe Starck
材料／工艺：压铸铝，
聚碳酸酯，不锈钢
1× 最大 150W E27
QT48 HSGS/F
直径：55cm（21in）
公司：Flos SpA，意
大利
网址：www.flos.com

（上图）
顶灯，Amigo
设计：Gonzalo and
Miguel Milá
材料／工艺：金属，塑料
荧光灯
T16-R 22W/827 2G×
13 230V（小）
T16-R 55W/827 2G×
13 230V（中）
T16-R 2×60W/830
2G×13 230V（大）
直径：31、41 或 62cm
（$12^1/_4$、$16^1/_8$ 或 24in）
公司：Santa & Cole，
西班牙
网址：www.santacolc.
com

（上图）
灯具，圆舟形灯具
设计：Alberto Meda,
Paolo Rizzatto
材料／工艺：铸造铝材
55W/40W/22W（FSC T5,
2G×13）/ 32W（FSC T9,
G10q）
厚度：5.5 或 6.7cm（$2^1/_4$,
或 $2^5/_8$in）
直径：32 或 40cm（$12^5/_8$
或 $15^3/_4$in）
公司：Luceplan，意大利
网址：www.luceplan.com

（上图）
壁灯，室外的 Romeo W
设计：Philippe Starck
材料／工艺：压铸铝，聚碳
酸酯，不锈钢
1× 最大 100W E27 QT48
HSGS/F
高度（灯）：23cm（9in）
直径：34cm（$13^3/_8$in）
公司：Flos SpA，意大利
网址：www.flos.com

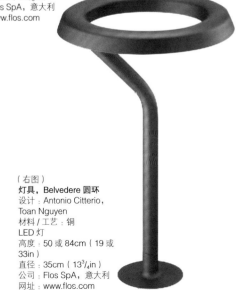

（右图）
灯具，Belvedere 圆环
设计：Antonio Citterio,
Toan Nguyen
材料／工艺：铜
LED 灯
高度：50 或 84cm（19 或
33in）
直径：35cm（$13^3/_4$in）
公司：Flos SpA，意大利
网址：www.flos.com

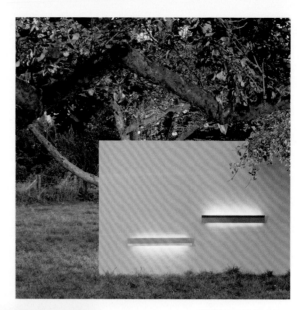

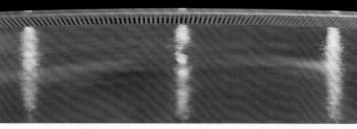

（左图）
嵌壁式泛光灯，立体派 Q
设计：Kasten Winkels
材料 / 工艺：压铸铝
TC-D 18W
高度：19.4cm（7$^5/_8$in）
宽度：19.4cm（7$^5/_8$in）
公司：Hess AG，德国
网址：www.hess.eu

（上图）
灯具，边缘
设计：IP44
材料 / 工艺：不锈钢
T5 39W
长度：100cm（39in）
宽度：11.5cm（4$^1/_2$in）
厚度：6cm（2$^3/_8$in）
公司：Sabz，法国
网址：www.sabz.fr

（右图）
发光带，Ledia
设计：Kasten Winkels
材料 / 工艺：不锈钢，钢化安全玻璃条
长度：24、46、69 或 91cm（9$^1/_2$、18$^1/_8$、27 或 35in）
公司：Hess AG，德国
网址：www.hess.eu

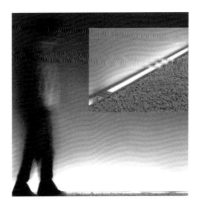

（对面页）
灯具，Nawa
设计：Antoni Arola
材料 / 工艺：挤压铝
2G-11 最大 36W
高度：80、125 或
250cm（31、49 或
98in）
公司：Metalarte SA，
西班牙
网址：www.metal-
arte.com

（左图）
灯具，灯光立方体
设计：Piero Castiglioni
材料 / 工艺：聚甲基丙
烯酸酯，Zama15，不
锈钢，聚丙烯 LED 灯
高度：35cm（13$^3/_4$in）
公司：iGuzzini，意大利
网址：www.iguzzini.
com

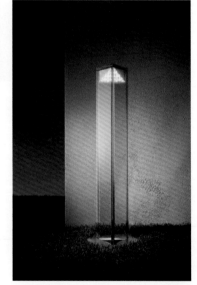

（上图）
灯具，空洞
设计：J.Ll.Xuclà
材料 / 工艺：铝，木材
荧光灯
高度：15cm（17$^3/_4$in）
宽度：15cm（17$^3/_4$in）
长度：15cm（17$^3/_4$in）
公司：Dab，西班牙
网址：www.dab.es

（上图）
灯具，Euclide
设计：Studio Arnaboldi
材料 / 工艺：铝，不锈钢，
聚碳酸酯，玻璃
高度：100cm（39in）
宽度：19.4cm（7$^5/_8$in）
厚度：19.4cm（7$^5/_8$in）
公司：iGuzzini，意大利
网址：www.iguzzini.com

（左图）
地面灯具，花园 Soft
设计：Metis lighting
材料 / 工艺：不锈钢
1×3W LED 灯
高度：30cm（11$^3/_4$in）
公司：FontanaArte SpA，
意大利
网址：www.fontanaarte.it

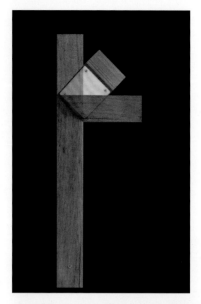

（左图）
灯具，45 Adj FL 1
设计：Tim Derhaag
材料 / 工艺：阳极氧
化铝，柚木
1×24W 2G11 FSD
高度：44cm（17$^3/_8$in）
长度：20cm（7$^7/_8$in）
公司：Flos SpA，意
大利
网址：www.flos.com

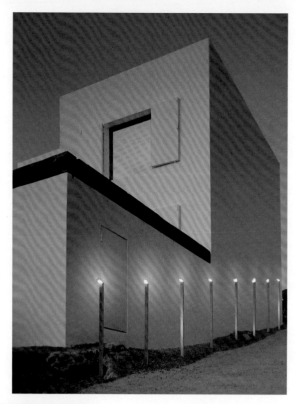

（上图）
烛台，Portavelas
设计：Jose A. Gandia-
Blasco
材料 / 工艺：阳极氧化铝
高度：150cm（59in）
宽度：10cm（3$^7/_8$in）
厚度：10cm（3$^7/_8$in）
公司：Gandia Blasco
SA，西班牙
网址：www. Gandiabla-
sco.com

（左图）
可调节灯具，45
设计：Tim Derhaag
材料 / 工艺：压铸铝
1×24W 2G11 FSD
高度：20cm（7$^7/_8$in）
长度：44cm（17$^3/_8$in）
公司：Flos SpA，意大利
网址：www.flos.com

（右图）
灯杆，17 度灯杆
设计：Francisco
Providência
材料 / 工艺：不锈钢
1×150W 碘化灯
高度：453cm（178in）
直径：11.4cm（4$\frac{1}{2}$in）
公司：Larus，葡萄牙
网址：www.larus.pt

（右图）
**地面灯具，Chilone
Terra**
设计：Ernesto Gismondi
材料 / 工艺：刷面钢
5W LED 灯
高度：45、90 或
180cm（17$\frac{3}{4}$、35 或
70in）
宽度：6cm（2$\frac{3}{8}$in）
厚度：14cm（5$\frac{1}{2}$in）
公司：Artemide SpA，
意大利
网址：www.artemide.
com

（左图）
**地面灯具，Ciclope
Terra**
设计：Alessandro
Pedretti, Studio Rota
& Partner
材料 / 工艺：压铸铝，
挤压铝
10W LED 灯
高度：50 或 90cm（19
或 35in）
宽度：15cm（5$\frac{7}{8}$in）
厚度：5cm（2in）
公司：Artemide SpA，
意大利
网址：www.artemide.
com

（左图）
灯具，NANY
设计：Joan Verdugo
材料 / 工艺：透明的注
塑聚碳酸酯，挤压铝
2G11 18W
高度：32.5cm（13in）
高度（杆）：60、100
或 150cm（23、39 或
59in）
宽度：13.5cm（5$\frac{3}{8}$in）
长度：18.8cm（7$\frac{1}{2}$in）
公司：Marset，西班牙
网址：www.marset.com

各种灯具及照明设备

灯具设备，W–Bell
设计：Wingårdhs
Arkitekter
材料／工艺：涂层钢，丙
烯酸树脂，铝
42W 紧凑型荧光灯，金
属卤素灯或高压钠灯
高度：45.6cm（18$\frac{1}{8}$in）
直径：52cm（20in）
公司：Zero，瑞典
网址：www.zero.com

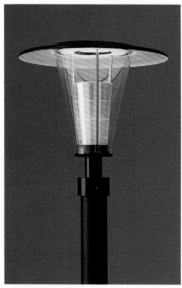

灯具设备，Berzeli
设计：Per Sundstedt
材料／工艺：涂层铝，
丙烯酸树脂
57W 紧凑型荧光灯，金
属卤素灯或高压钠灯
高度：56cm（22in）
直径：60cm（23in）
公司：Zero，瑞典
网址：www.zero.com

灯柱，Vigo
设计：Jean-Marc
Schneider
材料／工艺：铝，聚甲基
丙烯酸甲酯
1×RX7S，HIT-DE-CE
70W
高度：250cm（98in）
直径：16cm（6$\frac{1}{4}$in）
公司：Hess AG，德国
网址：www.hess.eu

灯具设备，Rib
设计：Niklas Ödmann
材料／工艺：涂层钢，
柚木
紧凑型荧光灯
高度：57cm（22in）
直径：30cm（11$\frac{3}{4}$in）
公司：Zero，瑞典
网址：www.zero.com

（左图）
灵活的立杆灯，LP Hint
设计：Helena Tatjana Eliason
材料 / 工艺：铝，丙烯酸树脂
42W TC-TEL HF，57WTC-TEL 或 70WHIE/HIT
高度：300cm（118in）
直径：47.7cm（18$^7/_8$in）
公司：Louis Poulsen Lighting，瑞典
网址：www.louispoulsen.com

（右图）
灯具，Lumicono
设计：Trislot
材料 / 工艺：不锈钢
3×3W LED 灯（一种颜色或者 RGB）
高度：82.4cm（32in）
直径：10.9cm（4$^3/_8$in）
公司：Trislot，比利时
网址：www.trislot-deco.com

街道景观小品及设施

Furniture

（上图）
**长凳，带靠背的长凳 /
家居系列**
设计：Wolfgang
Pichler
材料 / 工艺：不锈钢，
柚木
高度：82cm（32in）
宽度：53cm（20in）
长度：180cm（70in）
公司：Viteo Outdoors，
澳大利亚
网址：www.viteo.at

（上图）
**带扶手的长凳，La
Superfine**
设计：Thesevenhints
材料 / 工艺：锻压薄片，
钢，聚氨酯
高度：77cm（30in）
宽度：103cm（41in）
厚度：72cm（28in）
公司：Miramondo
GmbH，澳大利亚
网址：www.miramo-
ndo.com

（左图）
**长凳，长凳 62/ 家居
系列**
设计：Wolfgang
Pichler
材料 / 工艺：不锈钢，
柚木
高度：47cm（$18^{1}/_{2}$in）
宽度：62cm（24in）
长度：190cm（74in）
公司：Viteo Outdoors，
澳大利亚
网址：www.viteo.at

（左图）
花园长凳，长凳
设计：Tom Lovegrove
材料／工艺：水流切割钢，
钢管，橡木，粉末涂层
高度：70cm（27in）
厚度：45cm（17³/₄in）
长度：120cm（47in）
公司：Tom Lovegrove，
英国
网址：www.rocketgallery.
com
www.tomlovegrove.com

（上图）
长凳，Giulietta
设计：Paolo Rizzatto
材料／工艺：聚乙烯
高度：100cm（39in）
高度（座位）：45cm
（17³/₄in）
宽度：67cm（26in）
长度：185cm（72in）
公司：Serralunga，意
大利
网址：www.serralunga.
com

（左图）
长凳，Romeo
设计：Paolo Rizzatto
材料／工艺：聚乙烯
高度：96cm（37in）
高度（座位）：46cm
（18¹/₈in）
宽度：61cm（24in）
长度：115cm（45in）
公司：Serralunga，意
大利
网址：www.serralunga.
com

（上图）
模块化座椅系统，Ghisa
设计：Riccardo Blumer，
Matteo Borghi
材料 / 工艺：铸铁
高度：72cm（28in）
厚度：62cm（24in）
公司：Alias，意大利
网址：www.aliasdesign.it

（右图）
室外座椅，雨天和晴天
设计：Robert Richardson
材料 / 工艺：可回收塑料
高度：80cm（31in）
宽度：185cm（72in）
厚度：61cm（24in）
公司：Robert Richardson
Design，英国
网址：www. robrichdesign.
co.uk

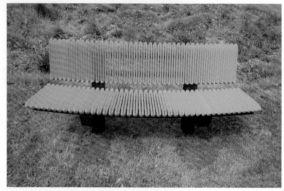

（右图）
带两个花盆的长凳，
Romeo 和 Juliet
设计：Koen Baeyens，
Stijn Goethals，Basile
Graux
材料 / 工艺：李叶苏木，
聚酯纤维
高度：48cm（18$^7/_8$in）
宽度：73.5cm（29in）
长度：320cm（126in）
公司：Extremis，比
利时
网址：www.extremis.
be

（左图）
长凳，Peddy
设计：Mindscape
材料/工艺：草，金属
高度：37.5cm（15in）
宽度：165cm（65in）
厚度：90cm（35in）
公司：Mindscape
Corporation，日本
网址：www.mindscape.
jp

（上图）
钢制长凳，折纸
设计：Harald
Guggenbichler
材料/工艺：钢
高度：45cm（17$\frac{3}{4}$in）
长度：154cm（60$\frac{5}{8}$in）
公司：Fermob，法国
网址：www.fermob.
com

（右图）
长凳，蜿蜒
设计：Dean and Jason
Harvey
材料/工艺：FSC认证硬木，
花岗岩，不锈钢
高度：48cm（18$\frac{7}{8}$in）
宽度：46cm（18in）
长度：230cm（90$\frac{1}{2}$in）
公司：Factory Furniture，
英国
网址：www.factoryfurniture.
co.uk

街道景观小品及设施

（右图）
长凳，翼型长凳
设计：Pinar Yar,
Tugrul Gövsa
材料 / 工艺：合成材料，
聚氨酯泡沫，柚木
高度：75cm（29in）
宽度：216cm（85in）
厚度：31cm（12$\frac{1}{4}$in）
公司：Govsa Composites，土耳其
网址：www.gaeaforms.com

（上图）
长凳，行走的长凳
设计：Pinar Yar,
Tugrul Gövsa
材料 / 工艺：合成材料，
聚氨酯泡沫
高度：55cm（21in）
宽度：120cm（47in）
厚度：53cm（20in）
公司：Govsa
Composites，土耳其
网址：www.gaeaforms.com

（左图）
长凳，Monolith
设计：Wim Segers
材料 / 工艺：柚木和 Sikaflex®
高度：66cm（26in）
长度：270cm（106$\frac{1}{4}$in）
厚度：56.5cm（22$\frac{1}{4}$in）
公司：Tribù，比利时
网址：www.henryhalldesigns.com

（左图）
长凳 / 桌子，森林之中
设计：Susan Bradley
材料 / 工艺：粉末涂层不锈钢
高度：40cm（$15^3/_4$in）
宽度：40cm（$15^3/_4$in）
长度：125cm（49in）
公司：Susan Bradley Design，
英国
网址：www.susanbradley.
co.uk

（上图）
**长凳 / 开放式的存储座
椅，两个空洞**
设计：Lars Dahmann
材料 / 工艺：聚乙烯纤
维，铝
高度：45cm（$17^3/_4$in）
长度：90cm（35in）
厚度：45cm（$17^3/_4$in）
公司：Lebello，美国
网址：www.lebello.
com

（左图）
长凳，室外的寿司
设计：Bartoli Design
材料 / 工艺：阳极氧化铝
高度：75cm（29in）
宽度：41cm（$16^1/_8$in）
长度：180cm（70in）
公司：Kristalia，意大利
网址：www.kristalia.it

（右图）
室内外日常使用的长凳，环形长凳
设计：Christophe Pillet
材料 / 工艺：聚乙烯
高度：40cm（15³/₄in）
宽度：50cm（19in）
长度：180cm（70in）
公司：Serralunga，意大利
网址：www.serralunga.com

（对面页）
长凳，Bdlove 长椅
设计：Ross lovegrove
材料 / 工艺：旋转式模压聚乙烯
高度：94cm（37in）
宽度：265cm（104in）
厚度：129cm（51in）
公司：Bd Barcelona，西班牙
网址：www.bdbarcelona.com

（上图）
座椅，贝壳长凳
设计：Richard Mackness
材料 / 工艺：玻璃纤维混凝土
高度：80cm（31in）
宽度：60cm（23in）
长度：180cm（70in）
公司：Urbis Design，英国
网址：www.urbisdesign.co.uk

（右图）
长凳，E-turn
设计：Brodie Neill
材料 / 工艺：喷漆玻璃纤维
高度：42cm（16¹/₂in）
宽度：56cm（22in）
长度：185cm（72in）
公司：Kundalini srl，意大利
网址：www.kundalini.it

街道景观小品及设施

（左图）
长凳，珊瑚长凳
设计：Chris Kabatsi
材料 / 工艺：粉末涂层，
金属切割钢
高度：46cm（18in）
宽度：44cm（17$\frac{1}{2}$in）
长度：152cm（60in）
公司：Arktura，美国
网址：www.arktura.
com

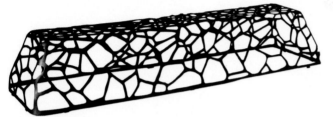

（上图）
长凳，细胞长凳
设计：Anon Pairot
材料 / 工艺：沙铸铝
高度：37cm（14$\frac{1}{2}$in）
宽度：52cm（20$\frac{1}{2}$in）
长度：198cm（78in）
公司：Restrogen，泰国
网址：www.fordandching.
com

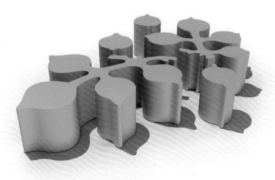

（上图）
座椅，玫瑰床
设计：Design Studio
Muurbloem
材料 / 工艺：涂层泡沫
高度：45cm（17$\frac{3}{4}$in）
宽度：300cm（118in）
公司：Feek，比利时
网址：www.feek.be

（左图）
长凳，Petit Jardin
设计：Tord Boontje
材料 / 工艺：钢，粉末涂层
高度：125cm（49in）
宽度：125cm（49in）
长度：218cm（86in）
公司：Studio Tord Boontje，
法国
网址：www.tordboontje.com

（上图）
座椅，Bloc/ 混凝土系列
设计：Gerd Rosenauer
材料 / 工艺：混凝土
高度：32cm（12$\frac{5}{8}$in）
宽度：58cm（22in）
长度：116cm（46in）
公司：Viteo Outdoors,
澳大利亚
网址：www.viteo.at

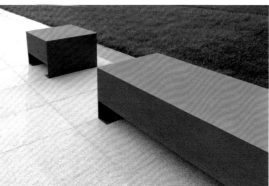

（上图）
座椅，Flor®
设计：Mansilla & Tuñón
材料 / 工艺：铸石
高度：42cm（16$\frac{1}{2}$in）
公司：Escofet，西班牙
网址：www.escofet.com

（左图）
长凳，Leichtgewicht
设计：Thesevenhints
材料 / 工艺：钢板，超
浓缩纤维混凝土
高度：40cm（15$\frac{3}{4}$in）
宽度：60 或 180cm（23
或 70in）
长度：60cm（23in）
公司：Miramondo
public design GmbH,
澳大利亚
网址：www.miramondo.
com

（左图）
长凳，Trapecio
设计：Antonio Montes,
Montse Periel
材料 / 工艺：松木实木
高度：57cm（22in）
高度（座位）：40cm
（15$\frac{3}{4}$in）
宽度：540cm（212in）
长度：81cm（31in）
公司：Santa & Cole,
西班牙
网址：www.santacole.
com

（上图）
休闲座椅，Avenue
First Block
设计：Alex Bergman
材料 / 工艺：PVC 包
裹聚酯纤维，泡沫聚
苯乙烯
高度：47cm（18$\frac{1}{2}$in）
宽度：58cm（22in）
厚度：58cm（22in）
公司：Fatboy，荷兰
网址：www.fatboy.
com

（左图）
休闲座椅，Avenue
First Parc
设计：Alex Bergman
材料 / 工艺：PVC 包
裹聚酯纤维，泡沫聚
苯乙烯
高度：47cm（18$\frac{1}{2}$in）
宽度：58.5cm（23in）
厚度：58.5cm（23in）
公司：Fatboy，荷兰
网址：www.fatboy.
com

（上图）
模块化座椅组合，校园
系列
设计：Wolf Udo
Wagner
材料 / 工艺：软泡沫
高度（1 个模块）：最多
63cm（24in）
宽度（1 个模块）：最多
85cm（33in）
厚度（1 个模块）：最多
85cm（33in）
公司：Fischer Möbel
GmbH，德国
网址：www.fischer-
moebel.de

（右图）
软凳，Club Ottoman 01
设计：Studio Arne Quinze
材料 / 工艺：Q&M foam™
高度：37cm（14$\frac{5}{8}$in）
宽度：60cm（23in）
长度：75cm（29in）
公司：Quinze & Milan，比
利时
网址：www.quinzeandmi-
lan.tv

（左图）
软凳，Club Pouf 01
设计：Studio Arne Quinze
材料 / 工艺：Q&M foam™
高度：37cm（14$\frac{5}{8}$in）
长度：75cm（29in）
公司：Quinze & Milan，比利时
网址：www.quinzeandmilan.tv

（右图）
**靠垫和座椅，Neo 有生命
的石头**
设计：Stéphanie Marin
材料 / 工艺：氯丁橡胶，
硅纤维，聚氨酯
最小的靠垫：
28cm×17cm×15cm
（11in×6³/₄in×5⁷/₈in）
最大的靠垫：
100cm×64cm×35cm
（39in×25in×13³/₄in）
最小的座椅：
70cm×60cm×40cm
（27in×23in×15³/₄in）
最大的座椅：
200cm×140cm×70cm
（78in×55in×27in）
公司：Smarin，法国
网址：www.smarin.net

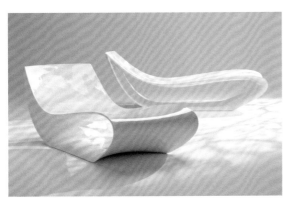

（左图）
躺椅，记号
设计：P.Cazzaniga
材料 / 工艺：聚酰胺
高度：62cm（24in）
宽度：69cm（27in）
长度：178cm（70in）
公司：MDF Italia，意大利
网址：www.mdfitalia.com

（右图）
**可翻转的座椅，B'kini
座椅**
设计：Wiel Arets
材料 / 工艺：聚乙烯
高度：60cm（23in）
宽度：60cm（23in）
长度：200cm（78in）
公司：Gutzz，荷兰
网址：www.gutzz.com

（右图）
躺椅，落日 6-630C
设计：Clemens Hüls
材料 / 工艺：铝，
Raucord 编织物，人造
纤维
高度：36~49cm
（$14^1/_8$~$19^1/_4$in）
宽度：80cm（31in）
长度：220cm（86in）
公司：Raush classics
GmbH，德国
网址：www.rausch-
classics.de

（上图）
躺椅，Chill/35 系列
设计：Frog Design
材料 / 工艺：旋转式模压
聚乙烯
高度：84cm（33in）
宽度：71cm（28in）
长度：157cm（62in）
公司：Landscapeforms，
美国
网址：www.
landscapeforms.com

（左图）
日光椅，组合式日光椅
设计：Tomas Sauvage
材料 / 工艺：铝，
Batyline®，柚木
高度：37cm（$14^5/_8$in）
宽度：90cm（35in）
长度：209cm（82in）
公司：Ego Paris，法国
网址：www.egoparis.
com

（左图）
日光椅，Zoe
设计：Moredesign
材料 / 工艺：聚乙烯
高度：35cm（13³/₄in）
宽度：240cm（94in）
厚度：69cm（27in）
公司：Myyour，意大利
网址：www.myyour.eu

（右图）
日光椅，Cloe
设计：Moredesign di
Morello Alessandro
材料 / 工艺：聚乙烯
高度：59cm（23in）
宽度：220cm（86in）
厚度：63cm（24in）
公司：Myyour，意大利
网址：www.myyour.eu

（左图）
人机工学日光床，
Pascià
设计：Ciro Matino
材料 / 工艺：铝
高度：40cm（15³/₄in）
宽度：82cm（32in）
长度：200cm（78in）
公司：Giallosole by
Mix srl，意大利
网址：www.giallosole.
eu

日光床，RIVA
设计：Schweige & Viererbl
材料 / 工艺：HPL 人造材料，钢
高度：24cm（9$\frac{1}{2}$in）
宽度：70cm（27in）
长度：210cm（82in）
公司：Conmoto，德国
网址：www.conmoto.com

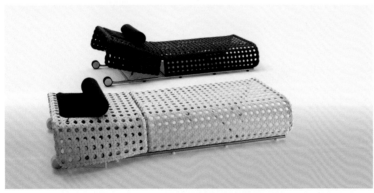

（上图）

躺椅，Canasta 躺椅
设计：Patricia Urquiola
材料 / 工艺：铝，聚乙烯，不锈钢
高度：36cm（14$\frac{1}{8}$in）
宽度：101cm（40in）
长度：200cm（78in）
公司：B&B Italia SpA，意大利
网址：www.bebitalia.com

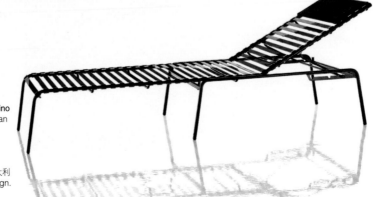

（右图）

日光床，带条纹的 Lettino
设计：Ronan and Erwan
材料 / 工艺：钢管
高度：32cm（12$\frac{5}{8}$in）
宽度：68.5cm（27in）
长度：203cm（80in）
公司：Magis SpA，意大利
网址：www.magisdesign.com

（上图）
躺椅，Costa 躺椅
设计：Erwin
Vahlenkamp, Geert
Van Acker
材料/工艺:粉末涂层钢，
人造皮革编织物
高度：80cm（31in）
宽度：60cm（23in）
长度：180cm（70in）
公司：EGO² BV，荷兰
网址：www.ego2.com

（上图）
日光床，Pontile 日光床
设计：Jacques Toussaint
材料/工艺:不锈钢，船
用胶合板，纯棉 Unikko
Marimekko® 床垫
高度：39cm（15³/₈in）
长度：190cm（74in）
厚度：75cm（29in）
公司：Dimensione Disegno
srl，意大利
网址：www.dimensionedi-
segno.it

（左图）
日光床，阳光床
设计：Tord Boontje
材料/工艺:钢管
高度：75cm（29in）
宽度：200cm（78in）
厚度：70cm（27in）
公司：Moroso SpA，
意大利
网址：www.moroso.it

躺椅，Frame
设计：Francesco
Rota
材料 / 工艺：绳缠
绕包裹的铝框架或
Aquatech 编织带
高度：70cm（27in）
高度（座位）：31cm
（12$^1/_4$in）
宽度：74cm（29in）
长度：157cm（62in）
公司：Paola Lenti srl，
意大利
网址：www.paolalenti.
com

（上图）
躺椅，Cortica
设计：Daniel Michalik
材料 / 工艺：可回收软木
高度：64cm（25in）
宽度：50cm（19in）
长度：183cm（72in）
公司：DMFD，美国
网址：www.danielmich-alik.com

（右图）
躺椅，条纹躺椅
设计：Ronan and Erwan
Bouroullec
材料 / 工艺：钢管
高度：85cm（33in）
宽度：68cm（26in）
长度：149.5cm（59in）
公司：Magis SpA，意大利
网址：www.magisdesign.
com

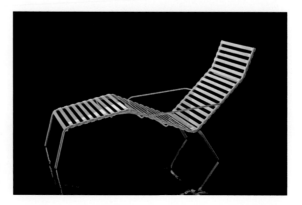

（上图）
躺椅，室内躺椅 26
设计：Studio Arne Quinze
材料 / 工艺：Q&M foam™，
橡木
高度：100cm（39in）
宽度：59cm（23in）
长度：146cm（57in）
公司：Quinze & Milan，比
利时
网址：www.quinzeandmilan.
tv

（左图）
躺椅，树叶
设计：Lievore Altherr
Moilna
材料 / 工艺：喷漆钢条
高度：79cm（31in）
宽度：151.5cm（60in）
厚度：73.5cm（29in）
公司：Arper SpA，意
大利
网址：www.arper.it

（左图）
床，小岛（家居系列）
设计：Wolfgang
Pichler
材料 / 工艺：不锈钢，
柚木
高度：47cm（18$^1/_2$in）
宽度：188cm（74in）
长度：190cm（75in）
公司：Viteo Outdoors，
澳大利亚
网址：www.viteo.at

（左图）
转动的椅子，XP 椅子
设计：Alex Milton
材料 / 工艺：可回收聚
丙烯
高度：66cm（26in）
宽度：50cm（19in）
长度：74.5cm（29in）
公司：Outgang，英国
网址：www.outgang.
com

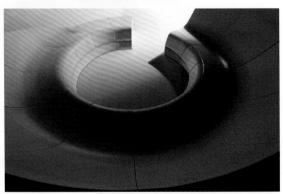

（上图）
座椅，Atollo
设计：p.èn.lab
材料 / 工艺：杜邦可丽
耐人造大理石
高度：90cm（35in）
宽度：300cm（118in）
长度：240cm（133in）
公司：Escho，意大利
网址：www.escho.it

（上图）
椅子，Xxl
设计：Kettal Studio
Kettal Puur
材料 / 工艺：聚氨酯泡
沫，铝
高度：46cm（18$\frac{1}{8}$in）
宽度：36cm（14$\frac{1}{8}$in）
厚度：38cm（15in）
公司：Kettal，西班牙
网址：www.kettal.es

（右图）
沙发，MT2
设计：Ron Arad
材料 / 工艺：旋转式模
压聚乙烯
高度：85cm（33in）
高度（座位）：42cm
（16$\frac{1}{2}$in）
宽度：180cm（70in）
长度：85.4cm（33in）
公司：Driade，意大利
网址：www.driade.com

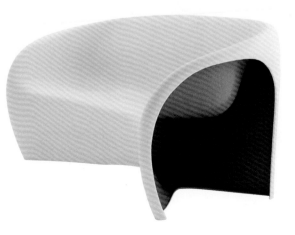

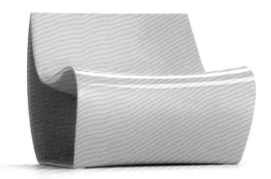

（上图）
扶手椅，记号
设计：Piergiorgio
Cazzaniga
高度：62cm（24in）
高度（座位）:38cm（15in）
宽度：74cm（29in）
长度·76cm（30in）
公司：MDF Italia，意大利
网址：www.mdfitalia.it

（左图）
椅子，复古躺椅
设计：Bram Bollen
材料／工艺：聚丙烯，电
镀抛光不锈钢
高度：85cm（33 1/2 in）
宽度：80cm（31 1/2 in）
长度：117cm（46in）
公司：Tribù，比利时
网址：www.
henryhalldesigns.com

（上图）
椅子，圆盘
设计：Karim Rashid
材料／工艺：玻璃纤维
高度：75cm（29in）
宽度：112cm（44in）
厚度：108cm（43in）
公司：Ferlea，意大利
网址：www.ferlea.com

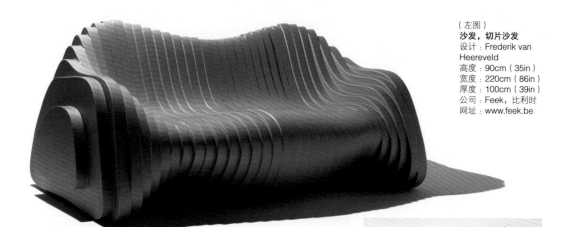

（左图）
沙发，切片沙发
设计：Frederik van
Heereveld
高度：90cm（35in）
宽度：220cm（86in）
厚度：100cm（39in）
公司：Feek，比利时
网址：www.feek.be

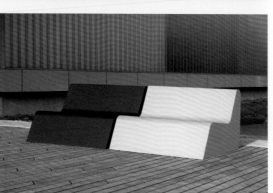

（左图）
沙发，Dalilips
设计：Salvador Dali
with Oscar Tusquets
Blance
材料 / 工艺：中密度旋
转式模压聚乙烯
高度：73cm（28in）
高度（座位）：37cm
（14⁵/₈in）
宽度：170cm（66in）
长度：100cm（39in）
公司：Bd Barcelona，
西班牙
网址：www.bdbarce-
lona.com

（上图）
**模块化座椅系统，
Ellipses**
设计：Giuseppe
Viganò
材料 / 工艺：喷漆钢
高度：64cm（25in）
高度（座位）：25cm
（9⁷/₈in）
厚度：90cm（35in）
公司：Bonacina
Pierantonio srl，意大利
网址：www.bonacina-
pierantonio.it

（右图）
沙发，Orca 方块组合
设计：Frederik van
Heereveld
材料 / 工艺：涂层泡沫
高度：65cm（25in）
宽度：112cm（44in）
厚度：112cm（44in）
公司：Feek，比利时
网址：www.feek.be

（左图）
座椅，Sonntag
设计：Tim Kerp
材料 / 工艺：粉末涂层
钢，桦木胶合板，毡或
者泡沫
高度：76cm（29in）
长度：120cm（47in）
公司：Tim Kerp Design
Development，德国
网址：www.tim-kerp.de

（上图）
沙发，BendyBay
设计：Danny Venlet
材料 / 工艺：聚酯纤维，
不锈钢
高度：61cm（24in）
高度（座位）：39cm
（15^3/$_8$in）
厚度：98cm（38in）
公司：Viteo
Outdoors，澳大利亚
网址：www.viteo.at

（左图）
沙发，Club
设计：Studio Arne Quinze
材料 / 工艺：Q&M foam^{TM}
高度：69cm（27in）
长度：307cm（121in）
公司：Quinze & Mlian，比
利时
网址：www.quinzeandmlian.
tv

（上图）
室外水床，Lylo
设计：Danny Venlet
材料 / 工艺：聚酯纤维
高度：35cm（13³/₄in）
直径：220cm（86in）
公司：Viteo
Outdoors，澳大利亚
网址：www.viteo.at

（对面页）
座椅，Osorom
设计：Konstantin
Grcic
材料 / 工艺：玻璃纤维，
树脂，多层合成材料
高度：35cm（13³/₄in）
直径：120cm（47in）
公司：Moroso SpA，
意大利
网址：www.moroso.it

（上图）
桌椅组合，甜甜圈
设计：Dirk Wynants
材料 / 工艺：橡胶轮胎，
防弹尼龙，聚酯纤维
高度：75cm（29in）
高度（座位）：45cm
（17³/₄in）
厚度：190cm（74in）
公司：Extremis，比利
时
网址：www.extremis.
be

（右图）
沙发，流动
设计：Dennis
Marquart
材料 / 工艺：凝胶涂层
玻璃纤维
高度：74cm（29in）
宽度：240cm（94in）
厚度：110cm（43in）
公司：Nola，瑞士
网址：www.nola.se

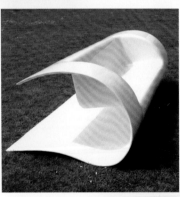

（右图）
**模块化发光吧台，巨大
的角落**
设计：Jumbo Najera
材料 / 工艺：聚乙烯
节能灯泡：2×E27-
25W
高度：110cm（43in）
宽度：80cm（31in）
厚度：80cm（31in）
公司：Slide srl，意大利
网址：www.slidedesign.
it

（右图）
豆袋椅，Fatboy® 原创
设计：Alex Bergman
材料 / 工艺：PVC 包
裹的聚酯纤维
宽度：140cm（55in）
长度：180cm（70in）
公司：Fatboy，荷兰
网址：www.fatboy.
com

（上图）
**模块化沙发系统，
Manhattan**
设计：Kettal Studio
Kettal Puur
材料 / 工艺：聚氨酯泡
沫，铝
高度：60cm（23in）
高度（座位）：25cm
（$9^7/_8$in）
厚度：92cm（36in）
公司：Kettal，西班牙
网址：www.kettal.es

（左图）
**模块化沙发组合，朋
友系列**
设计：Robin Delaere
材料 / 工艺：铝，PE
纤维
高度：75cm（29in）
宽度（每块）：85cm
（33in）
公司：Some，比利时
网址：www.some.be

（上图）
三座沙发，Bel Air
设计：Sacha Lakic
材料／工艺：铝，聚乙烯
树脂，Twitchell 纤维和
Missoni 靠垫
高度：62cm（24in）
高度：150cm（59in）
厚度：100cm（39in）
公司：Roche Bobois，
法国
网址：www.roche-bobois.
com

（上图）
沙发，铁箍椅
设计：Arik Levy
材料／工艺：钢，纤维
高度：66cm（26in）
宽度：160、200 或
240cm（63、78 或
94in）
厚度：100cm（39in）
公司：Living Divani
srl，意大利
网址：www.livingdivani.
it

（上图）
模块化沙发，One
设计：Marc Sadler
材料／工艺：聚乙烯，
纤维
高度：69cm（27in）
高度（座位）：38cm
（15in）
长度（1 个单位）：
120cm（47in）
长度（2 个单位加 1 个
扶手）：255cm（100in）
厚度：100cm（39in）
公司：Serralunga，
意大利
网址：www.serralunga.
com

（右图）
坐垫，小岛
设计：Luisa
Bocchiertto
材料／工艺：聚乙烯，
金属
高度：36cm（14$^1/_8$in）
宽度：130cm（51in）
长度：130cm（51in）
公司：Serralunga，
意大利
网址：www.serralunga.
com

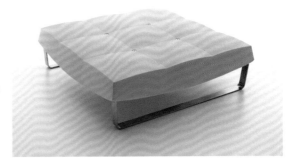

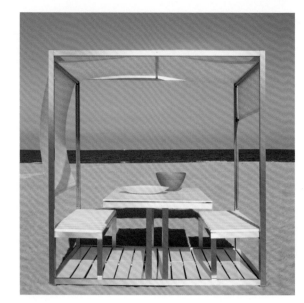

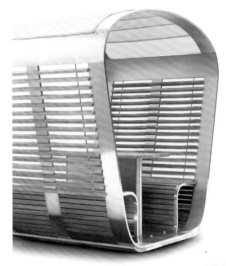

（上图）
带有长凳和桌子的露台，松树谷
设计：Talocci Design
材料 / 工艺：不锈钢
高度：213cm（84in）
宽度：202cm（80in）
长度：202cm（80in）
公司：Foppapedretti
SpA，意大利
网址：www. Foppapedretti.it

（上图）
转台房间，胶囊房间
设计：Mark Suensilpong
材料 / 工艺：柚木，不锈钢，纤维
高度：220cm（87in）
宽度：256cm（101in）
长度：180cm（71in）
公司：Jane Hamley Wells，美国
网址：www.janehamleywells.com

（右图）
小岛躺椅，Kosmos
设计：Dirk Wynants
材料 / 工艺：Solimbra，合成革，室外纤维，室内皮革等
高度（沙发）：76cm（29in）
直径：260cm（102in）
公司：Extremis，比利时
网址：www.extremis.be

（左图和下图）
模块化家具组合，氛围
设计：Marcel Wanders
高度（中间和转角模
块）：60cm（23in）
宽度（中间和转角模
块）：95cm（37in）
厚度（中间和转角模
块）：95cm（37in）
公司：Kettal，西班牙
网址：www.kettal.es

（上图）
沙发床，Maui 床
设计：Rowena Tse
材料 / 工艺：铝，紫
外线防护的合成织物，
防水垫子
高度：200cm（79in）
高度（座位）：42cm
（16$\frac{1}{2}$in）
宽度：180cm（70in）
厚度：120cm（47in）
公司：Zuo Modern，
美国
网址：www.zuomod.
com

（右图）
露台，绿洲 026 露台
设计：Rodolfo Dordoni
材料/工艺：柚木，涂漆铁，
白色聚酯纤维
高度：240cm（94in）
宽度：272cm（107in）
长度：272cm（107in）
公司：Roda srl，意大利
网址：www.rodaonline.
com

街道景观小品及设施

（右图）
沙发床 / 摇床
设计：Garpa
材料 / 工艺：高质量合
成纤维，抛光不锈钢，
垫衬物
高度：190cm（74in）
宽度：260cm（102in）
厚度：134cm（53in）
公司：Garpa Garde
& Park Furniture Ltd,
德国
网址：www.garpa.de

（上图）
花园摇床，Nao-Nao
设计：Yolanda Herraiz
材料 / 工艺：阳极氧化铝，
帆用纤维，
高度：200cm（78in）
高度（座位）：45cm（17$^3/_4$in）
宽度：215cm（84in）
长度：254cm（100in）
公司：Gandia Blasco SA,
西班牙
网址：www.gandiablasco.
com

（下图）
摇椅，思想的机器
设计：Eduardo Baroni
材料 / 工艺：钢，聚氨酯
高度：200cm（78in）
宽度：254cm（100in）
长度：215cm（84in）
公司：Sintesi, 意大利
网址：www.gruppo-sin-
tesi.com

（右图）
雕塑秋千，泡泡秋千
设计：Stephen Myburgh
材料 / 工艺：不锈钢
高度：140cm（55in）
宽度：140cm（55in）
直径：140cm（55in）
公司：Myburgh Designs，英国
网址：www.myburghdesigns.
com

（上图）
椅子，球形椅
设计：Dean and Jason Harvey
材料 / 工艺：不锈钢
高度：93cm（36in）
直径：90cm（35in）
公司：Factory Furniture，英国
网址：www.factoryfurniture.
co.uk

（下图）
活动躺椅，漂移
设计：David Trubridge
材料 / 工艺：不锈钢，新西兰
红榉木
高度：80cm（31in）
宽度：62cm（24in）
长度：207cm（81in）
公司：David Trubridge，新
西兰
网址：www. davidtrubridge.
com

（右图）
吊床，波浪
设计：Erik Nyberg，
Gustav Ström
材料 / 工艺：电镀抛光
不锈钢，穿孔织物
高度：370cm（146in）
宽度：250cm（98in）
长度：290cm（114in）
公司：Royal Botania，
比利时
网址：www.royalbot-
ania.com

（上图）
吊床，E-Z
设计：Bo Larsen，
Zaki Molgaard
材料 / 工艺：不锈钢，
Batyline®
高度：62cm（24in）
宽度：57cm（22in）
长度：230cm（90in）
公司：Royal Botania，
比利时
网址：www.royabo-
tania.com

（右图）
吊床，树叶吊床
设计：Pinar Yar，
Tugrul Govsa
材料 / 工艺：复合材料，
航海绳，涤纶
高度：20cm（7⅞in）
宽度：150cm（59in）
长度：260cm（102in）
公司：GAEAforms，
土耳其
网址：www.gaeafo-
rms.com

（左图）
扶手椅，Pop
设计：Enzo Berti
材料／工艺：聚氨酯泡沫
高度：75cm（29in）
宽度：90cm（35in）
公司：Ferlea，意大利
网址：www.ferlea.com

（下图）
整体沙发，东京 –Pop
设计：Tokujin Yoshioka
材料／工艺：聚乙烯
高度：75.5cm（29in）
高度（座位）：42cm
（16$^1/_2$in）
宽度：177cm（70in）
长度：78cm（30in）
公司：Driade，意大利
网址：www.driade.com

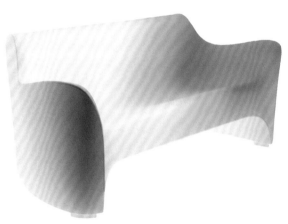

（上图）
室内外均可使用的扶手椅，Moor（e）
设计：Philippe Starck
材料／工艺：喷漆尼龙
高度：91cm（35in）
高度（座位）：45.8cm
（18$^1/_8$in）
宽度：129.5cm（51in）
长度：101cm（39in）
公司：Driade SpA，意大利
网址：www.driade.com

（左图）
躺椅，LEAF XXL
设计：Frank Lightart
材料／工艺：手工编织纤维，粉末涂层铝
高度：42cm（16$^1/_2$in）
宽度：151cm（59in）
长度：254cm（100in）
公司：Dedon，德国
网址：www.dedon.de

（上图）
扶手椅，Ivy
设计：Paola Navone
材料／工艺：金属
高度：66cm（26in）
长度：110cm（43in）
厚度：90cm（35in）
公司：Emu Group
SpA，意大利
网址：www.emu.it

（上图）
沙发，Q-沙发
设计：Frederik van
Heereveld
材料／工艺：发泡聚丙烯
12cm×89cm×80cm
（4^3/$_4$in×35in×31^1/$_2$in）
公司：Feek，比利时
网址：www.feek.be

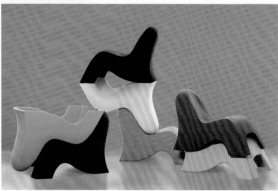

（左图）
座椅，做梦
设计：Dominic
Symons
材料／工艺：旋转式模
压聚乙烯
高度：72cm（28in）
高度（座位）：34cm
（13^3/$_8$in）
宽度：86cm（33in）
长度：97cm（38in）
公司：Maxdesign，
意大利
网址：www. maxde-
sign.it

街道景观小品及设施

（右图）
**沙发，Cima Banca
沙发**
设计：Hendrik
Steenbakkers
材料 / 工艺：不锈钢，
Batyline 织物
高度：70.5cm（28in）
宽度：200cm（78in）
厚度：78cm（30in）
公司：FueraDentro，
荷兰
网址：www.fueraden-
tro.com

（上图）
椅子，凉爽的椅子
设计：Charlie Davidson
材料 / 工艺：焊接打孔粉
末涂层钢板
高度：75cm（29in）
宽度：98cm（38in）
厚度：100cm（39in）
公司：Charlie Davidson
Studio，瑞典
网址：www.charliedavi-
dson.com

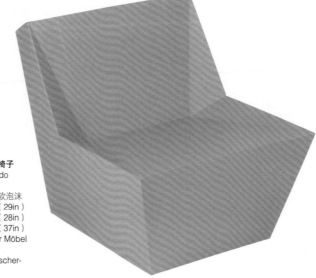

（右图）
椅子，Kyoto 椅子
设计：Wolf Udo
Wagner
材料 / 工艺：软泡沫
高度：75cm（29in）
宽度：73cm（28in）
厚度：95cm（37in）
公司：Fischer Möbel
GmbH，德国
网址：www.fischer-
moebel.de

（上图）
椅子，Hee 休闲椅
设计：Hee Welling
材料 / 工艺：电镀实心
钢，粉末涂层
高度：67cm（26in）
高度（座位）：38cm
（15in）
宽度：72cm（28in）
公司：Hay，丹麦
网址：www.hay.dk

（上图）
椅子，绿叶
设计：Lievore Altherr
Molina
材料 / 工艺：喷漆钢条
高度：73cm（28in）
宽度：85cm（33in）
厚度：64.5cm（25in）
公司：Arper SpA，意
大利
网址：www.arper.it

（下图）
低椅，有条纹的
Poltroncina
设计：Ronan and
Erwan
材料 / 工艺：钢管
高度：68.5cm（27in）
高度（座位）：36cm
（$14^1/_8$in）
宽度：66.5cm（26in）
长度：76.5cm（30in）
公司：Magis SpA，意
大利
网址：www.magisde-
sign.it

（上图）
扶手椅，热带风潮
设计：Patricia Urquiola
材料 / 工艺：不锈钢，编
织绳
高度：37cm（$14^5/_8$in）
高度（座位）：78cm
（30in）
宽度：94cm（37in）
长度：87cm（34in）
公司：Moroso SpA，意
大利
网址：www.moroso.it

（上图）
桌子／沙发／椅子，零系列
设计：Enzo Calabrese，Fabio Meliota
材料／工艺：喷漆钢
高度（桌子）：66cm（26in）
高度（沙发和椅子）：70cm（27in）
宽度（沙发）：137cm（54in）
宽度（椅子）：78cm（30in）
直径（桌子）：120cm（47in）
公司：L'abbate srl，意大利
网址：www.lacollection.it

（上图）
小型整体扶手椅，三叶草
设计：Ron Arad
材料／工艺：聚乙烯
高度：75.5cm（29in）
高度（座位）：42.5cm（16$\frac{7}{8}$in）
宽度：66cm（26in）
长度：54cm（21in）
公司：Driade，意大利
网址：www.driade.com

（上图）
躺椅，Brasilia
设计：Ross Lovegrove
材料／工艺：聚氨酯
高度：83cm（32in）
高度（座位）：39cm（15$\frac{3}{8}$in）
宽度：58cm（22in）
长度：100cm（39in）
公司：Zanotta SpA，意大利
网址：www.zanotta.it

（右图）
扶手椅，美人鱼
设计：Tokujin Yoshioka
材料／工艺：聚乙烯
高度：83.5cm（33in）
高度（座位）：43.5cm（17$\frac{3}{8}$in）
宽度：70cm（27in）
长度：65cm（25in）
公司：Driade，意大利
网址：www.driade.com

（右图）
有罩盖的扶手椅，室外的表演
设计：Jaime Hayon
材料/工艺：旋转式模压中密度聚乙烯
高度：168cm（66in）
高度（座位）：43cm（$16^7/_8$in）
宽度：90cm（35in）
长度：82cm（32in）
公司：Bd Barcelona，西班牙
网址：www.bdbarcelona.com

（上图）
扶手椅，荫凉
设计：Tord Boontje
材料/工艺：钢管
高度（座位）：31cm（$12^1/_4$in）
高度：140cm（55in）
宽度：98cm（38in）
厚度：82cm（32in）
公司：Moroso SpA，意大利
网址：www.moroso.it

（右图）
室外座椅，扶手椅，沙发和Poltronas室外的表演
设计：Jaime Hayon
材料/工艺：旋转式模压中密度聚乙烯
各种尺寸
公司：Bd Barcelona，西班牙
网址：www.bdbarcelona.com

（左图）
扶手椅，Kloe
设计：Marco Acerbis
材料／工艺：旋转式模
压聚乙烯
高度：68cm（26in）
高度（座位）：38cm
（15in）
宽度：75cm（29in）
长度：80cm（31in）
公司：Desalto，意大利
网址：www.desalto.it

（右图）
家具，Bent
设计：Christophe De
La Fontaine，Stefan
Diez
材料／工艺：激光切割，
弯折铝
高度（桌子）：42cm
（16$\frac{1}{2}$in）
高度（扶手椅）：
69cm（27in）
宽度（桌子）：49cm
（19$\frac{1}{4}$in）
宽度（扶手椅）：
93cm（36in）
公司：Moroso SpA，
意大利
网址：www.moroso.it

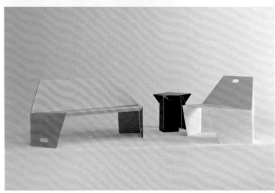

（左图）
软垫凳，MB 5
设计：Mario Bellini
材料／工艺：聚乙烯
高度：36cm（14$\frac{1}{8}$in）
宽度：56cm（22in）
厚度：56cm（22in）
公司：Heller Inc，美国
网址：www.helleronline.
com

（左图）
椅子，IZ 家居产品
设计：Francesc Rifé
材料 / 工艺：喷漆铝
高度：69cm（27in）
宽度：71.5cm（28in）
厚度：64.5cm（25in）
公司：Samoa，西班牙
网址：www.samoadesign.
com

（上图）
椅子 06
设计：Maarten Van
Severen
材料 / 工艺：不锈钢，
一体化的皮革与聚氨
酯泡沫，整体板簧
高度：73.2cm（28in）
宽度：49.5cm（19in）
厚度：73cm（28in）
公司：Vitra，瑞士
网址：www.vitra.com

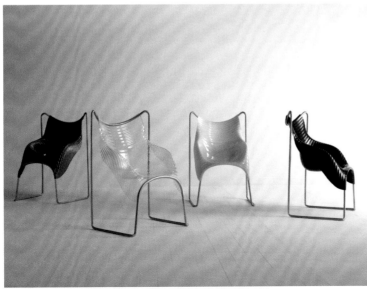

（左图）
扶手椅，波浪
设计：Ron Arad
材料 / 工艺：不锈钢，
聚乙烯
高度：98cm（38in）
宽度：68cm（27in）
厚度：66cm（26in）
公司：Moroso SpA，
意大利
网址：www.moroso.it

（右图）
遮阳伞基座／桌子／凳子，立方体
设计：Jan Melis
材料／工艺：聚乙烯
高度：45cm（17$^3/_4$in）
宽度：45cm（17$^3/_4$in）
长度：45cm（17$^3/_4$in）
公司：Sywawa，比利时
网址：www.sywawa.be

（上图）
4 个凳子和中间的桌子／凳子，Schtum
设计：Scene
材料／工艺：聚氨酯泡沫
高度：45cm（17$^3/_4$in）
宽度（组合后）：100cm（39in）
长度（组合后）：100cm（39in）
公司：Feek，比利时
网址：www.feek.be

（右图）
咖啡桌／垫凳，InOut 41/43
设计：Paola Navone
材料／工艺：陶瓷
高度：37cm（14$^5/_8$in）
宽度：40cm（15$^3/_4$in）
厚度：40cm（15$^3/_4$in）
公司：Gervasoni SpA，意大利
网址：www.gervasoni1882.it

（右图）
椅子，Treccia
设计：Enrico Franzolini
材料 / 工艺：金属，聚丙烯
高度：76.5cm（30in）
宽度：55cm（21in）
厚度：52.5cm（20in）
公司：Accademia，意大利
网址：www.accademi-aitaly.com

（上图）
椅子，Baba
设计：Gunilla Hedlund
材料 / 工艺：镀锌的，粉末涂层钢
高度：82cm（32in）
高度（座位）：45cm（$17^3/_4$in）
宽度：50cm（19in）
长度：47cm（$18^1/_2$in）
公司：Nola Industrier，瑞典
网址：www.nola.se

（左图）
座椅，交流座椅
设计：Ana Linares
材料 / 工艺：粉末涂层钢
高度：60cm（23in）
宽度：60cm（23in）
长度：90cm（35in）
公司：Ana Linares Design，美国
网址：www.analinaresdesign.com

（左图）
折叠椅，夹子椅
设计：Blasius Osko,
Oliver Deichmann
材料 / 工艺：毛杉榉实木
高度：71.5cm（28in）
高度（座位）：30cm
（$11^3/_4$in）
宽度：85cm（33in）
厚度：65cm（25in）
公司：Moooi，荷兰
网址：www.moooi.com

（左图）
椅子，森林花园椅
设计：Robby and
Francesca Cantarutti
材料 / 工艺：铝
高度：83cm（$32^5/_8$in）
高度（座位）：44cm
（$17^3/_8$in）
宽度：43cm（17in）
厚度：45cm（$17^3/_4$in）
公司：Fast Italy，意大利
网址：www.gomodern.
co.uk

（右图）
悬臂椅，Myto
设计：Konstantin
Grcic
材料 / 工艺：BASF
Uitradur® 高速塑料
高度：82cm（32in）
高度（座位）：46cm
（$18^1/_8$in）
宽度：51cm（20in）
长度：55cm（21in）
公司：Plank，意大利
网址：www.plank.it

（左图）
椅子，网
设计：Sam Johnson
材料/工艺：粉末涂层钢丝
高度：80cm（31$\frac{1}{2}$in）
宽度：58.3cm（23in）
厚度：58.3cm（23in）
公司：Mark，英国
网址：www.markproduct.
com

（左图）
椅子，Chair-One
设计：Konstantin
Grcic
材料/工艺：铝
高度：82cm（32in）
宽度：55cm（21in）
厚度：59cm（23in）
公司：Magis SpA，
意大利
网址：www.magisde-
sign.com

（上图）
椅子，植物
设计：Ronan & Erwan
Bouroullec
材料/工艺：尼龙
高度：81.3cm（32in）
高度（座位）：46cm
（18$\frac{1}{8}$in）
宽度：60.6cm（24in）
厚度：57.7cm（22in）
公司：Vitra AG，瑞士
网址：www.vitra.com

（右图）
椅子，包豪斯
设计：Robby
Cantarutti
材料/工艺：塑料，钢
高度：80cm（31$\frac{1}{2}$in）
宽度：53cm（20in）
厚度：56cm（22in）
公司：Figurae di
JDS，意大利
网址：www.jds.eu

（下图）
舒适椅，柔软的蛋
设计：Philippe Starck
材料／工艺：聚丙烯
高度：74cm（29in）
高度（座位）：43.5cm
（17³/₈in）
宽度：60.6cm（24in）
厚度：57.7cm（22in）
公司：Driade，意大利
网址：www.driade.com

（上图）
舒适椅，Out/In
设计：Philippe Starck
with Eugeni Quitllet
材料／工艺：聚乙烯，
阳极氧化铝
高度：147cm（58in）
高度（座位）：44cm
（17³/₈in）
宽度：78cm（31in）
厚度：77cm（30in）
公司：Driade，意大利
网址：www.driade.com

（右图）
椅子，Go
设计：Ross Lovegrove
材料／工艺：镁，聚碳
酸酯
高度：89.9cm（35³/₈in）
高度（座位）：46cm
（18¹/₈in）
宽度：49.5cm（19¹/₂in）
厚度：62.2cm（24¹/₂in）
公司：Danerka A/S，
丹麦
网址：www.danerka.dk

（上图）
椅子，Brillant
设计：Robby and
Francesca Cantarutti
材料 / 工艺：聚碳酸酯，
金属
高度：80.5cm（31in）
宽度：60.5cm（24in）
厚度：59cm（23in）
公司：Figurae di JDS，
意大利
网址：www.jds.eu

（下图）
椅子，Scoop
设计：Denis Santachiara
材料 / 工艺：刷面不锈钢
管，多层可变密度聚合物
高度：87cm（34in）
宽度：55cm（21in）
厚度：65cm（25in）
公司：Steelmobil
(Industrieifi Group)，意
大利
网址：www.steelmobil.
com/
网址：www.ifi.it

（上图）
椅子和凳子，卵石
设计：Benjamin
Hubert
材料 / 工艺：聚乙烯，
橡木，钢
高度（椅子）：84cm
（33in）
高度（凳子）：47cm
（18¹/₂in）
宽度（椅子）：46cm
（18¹/₈in）
宽度（凳子）：40cm
（15³/₄in）
公司：De Vorm，荷兰
网址：www.devorm.nl

（左图）
舒适椅，玩具
设计：Philippe Starck
材料 / 工艺：聚丙烯
高度：78cm（30in）
高度（座位）：43cm
（16⁷/₈in）
宽度：61.5cm（24in）
厚度：57.5cm（22in）
公司：Driade，意大利
网址：www.driade.com

凳子，Bun Bun
设计：Paiwate
Wangbon
材料 / 工艺：树脂马
赛克
高度:42cm（16$\frac{1}{2}$in）
直径:57cm（22in）
公司：UO Contract,
美国
网址：www.uocon-
tract.com

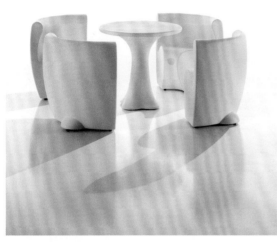

（上图）
桌子和扶手椅，系列集合
设计：Moredesign
材料 / 工艺:聚乙烯
高度：72cm（28in）
直径:79cm（31in）
公司:Myyour，意大利
网址：www.myyour.eu

（上图）
凳子，Q 凳
设计：Danny Venlet
材料 / 工艺：室外用
Skai 材料，不锈钢
高度：47cm（18$\frac{1}{2}$in）
直径:43cm（16$\frac{7}{8}$in）
公司：Viteo
Outdoors，澳大利亚
网址：www.viteo.at

（左图）
软座椅，BUX
设计：Studio Tweelink
材料 / 工艺：人造革，泡
沫，聚乙烯
高度：55cm（21in）
直径:41cm（16$\frac{1}{8}$in）
公司：Dutch Summer,
荷兰
网址：www.dutchsummer.
com

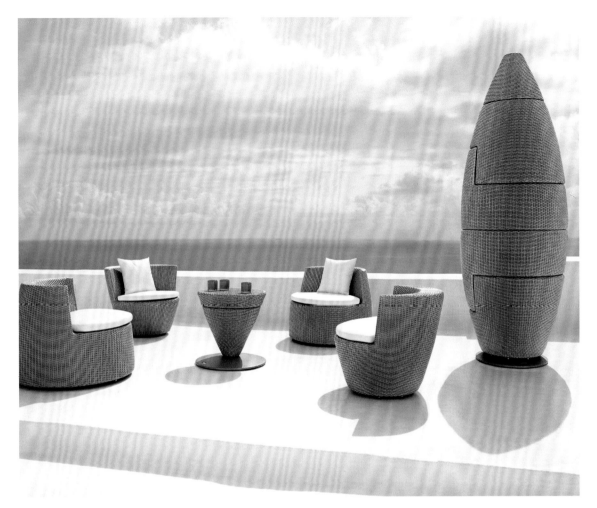

（上图）
**配套的椅子和桌子，
Obelisk**
设计：Frank Ligthart
材料 / 工艺：手工编织
纤维，粉末涂层铝
高度（拼合后）：
244cm（96in）
直径：80cm（31in）
公司：Dedon，德国
网址：www.dedon.de

（左图）
椅子，Sundance
设计：Stefan Heiliger
材料 / 工艺：旋转式模
压聚乙烯
高度：73cm（28in）
高度（座位）：41cm
（16$^1/_8$in）
宽度：61cm（24in）
厚度：61cm（24in）
公司：Tonon SpA，意
大利
网址：www.tononitalia.
com

（上图）
桌子，Tölt
设计：Michael Young
材料／工艺：可丽耐人造大理石，
洋槐
高度（圆桌）：73cm（28in）
直径（圆桌）：75cm（29in）
高度（矮桌）：43.5cm（17$\frac{3}{8}$in）
宽度（矮桌）：41.4cm（16$\frac{1}{8}$in）
长度（矮桌）：77cm（30in）
公司：Extremis，比利时
网址：www.extremis.eu

（上图）
长凳／低桌，四分之一
设计：David Scott
材料／工艺：通过认证的
可再生纤维和树脂（源自
Richlite品牌材料的一般
说明）
高度：38cm（15in）
直径：147cm（58in）
公司：Desu Design，
美国
网址：www.desudesign.
com

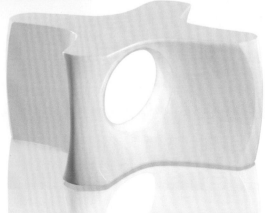

（右图）
边桌，Trip
设计：Pinar Yar，Tugrul
Govsa
材料／工艺：复合材料，
聚氨酯
高度：36cm（14$\frac{1}{8}$in）
宽度：62cm（24in）
厚度：62cm（24in）
公司：Gaeaforms，土
耳其
网址：www.gaeaforms.
com

迪尔克·韦南茨

Extremis 是一家比利时的公司，在20世纪90年代先锋派复兴时期，许多公司开始对室外家具产生兴趣，Extremis公司就是其中的代表。公司的创始人、经理兼首席设计师迪尔克·韦南茨（Dirk Wynants）具有鲜明的个性，Extremis 的设计作品也直接反映了他的生活方式和个性特点。Wynants 也和一些国际设计师有密切的合作，例如 Michael Young 和 Arnold Merckx。"聚会的工具"这一表述的提出，简洁地表达了公司产品的特质，是为聚集在一起的、从饮食到休闲这样的团体活动而进行的设计，他们都有着有趣的名字，例如"棒棒糖"、"呀哈！"和"甜甜圈"，通过这些名字我们能够感受到这些产品是为愉快的时刻而设计的。

这些作品中可能会有幽默的元素，但是设计作品本身是具有新鲜感的、不落俗套的，很好地抓住了时代精神。"我们希望通过设计能把人们聚在一起，"韦南茨说。在"碧合屋"（2006）这个作品中，这种想法被完全地展现出来，这是一个宽敞的、圆形的、带有舒适软垫的室外休息室（大到足以同时容纳十几人欢聚），运用了弹性蹦床来增加体验感，以及一个帐篷来营造氛围。"冰块立方"这个作品具有双重功能，它是一个真实的聚会用饮品冷藏装置，同时又有着整体的灯光设计。韦南茨最新的关于"聚会的工具"的作品是受根特市设计博物馆委托设计的一个便携式布道坛（Kosmos Oris），通过设计来改善观众和演讲者之间的关系，这个不属于他通常的设计范围。

韦南茨生于1964年，他是一位橱柜工匠的儿子，他在根特市的圣卢卡斯建筑学院学习室内和家具设计。他于1994年创立了 Extremis 公司，正如他所说的："我曾一直梦想着在我30岁的时候开启我的事业，所以我一直在四处寻找和思考，我能为市场提供一些什么现在还没有的产品呢？我最终决定从事室外家具设计，因为在当时的市场上我找不到我想要的。"

自从公司成立以来，我们对于室外产品设计的态度有了显著的变化，正如韦南茨所说："传统观念中的室外空间并不是我们生活空间的一部分，你总会把家里的那些区域分隔出来做特定的用途。现在浴室变成了水疗空间，厨房和客厅合二为一，同时可以作为住宅里的一个小酒吧。随着室外部分以它独有的方式成为生活的一部分，它变得和家中任何一个主要房间同等

重要了。"

韦南茨对于为什么现在室外空间变得如此重要有着自己的理论，他感觉我们需要对现代技术的快速发展和它给我们带来的影响做一些补偿。正如他所说，"我们的生活在过去的十几年里发生了彻底的改变，我们所要承受的压力也在发生着巨大的改变，我认为人们正在为此寻找补偿。现在，沟通是即时的，例如移动电话和因特网。在今天，如果在五分钟之内没有回复，每个人都会感到紧张。我们不再受到季节的限制；我们办公室和家里的温度和光线都可以被控制；我们生活在无比舒适之中。现今最受欢迎的旅游公司是那些能够提供不舒适的、充满挑战的度假方式的公司，为我们过去十至十五年里的变化做着补偿。"

Extremis 在超过40个国家出售其产品，所以韦南茨必须关注不同国家的不同需求和品位，"当然"，他回答说，"越往南部，所用的材料越柔软，材料的颜色也随之变化，在北部的设计更加偏重冷色调和结实耐用，越往南部颜色越丰富。"

不同于其他的设计，Extremis 的作品没有明显的识别特征，这与韦南茨的设计过程有关。正如他自己解释说："我不会努力从其他设计中寻找灵感，因为这样

（上图）
桌子和伞，Arthur/InUmbra
设计：Dirk Wynants
材料／工艺：
桌子：高压薄板
伞：不锈钢，Airtex® 纤维
高度（桌子）:74cm（29in）
直径（桌子）:160、200或240cm（63、78或94in）
公司：Extremis，比利时
网址：www.extremis.be

的话很可能会去设计已经存在了的东西。因此我努力地从其他事物里寻找灵感，多数是从旅行和人群中寻找。我开始观察人们如何进行社交——这个想法来源于功能需求，我尝试着重新创造出产品的氛围。"碧合屋"就是这样一个例子，它部分灵感来自北非的贝多因人的帐篷。"很多设计师用另一种方式工作，"他说，"他们开始于一种特定的形式或特定的材料，但我从不想限定于某种材料来进行设计，我一直想设计具有功能性的产品，来表达我心中的设计想法——家具可以把人们聚集在一起。"

（上图）
边桌，Helix
设计：Wolfgang
C.R.Mezger
材料／工艺：不锈钢
直径：56cm（22in）
公司：Fischer Möbel
GmbH，德国
网址：www. fischer-
moebel .de

（上图）
桌子，T- 桌子
设计：Patricia Urquiola
材料／工艺：聚甲基丙
烯酸甲酯
高度：28、36 或 44cm
（11、14$\frac{1}{8}$ 或 17$\frac{3}{8}$in）
直径：50cm（19in）
公司：Kartell SpA，意
大利
网址：www.kartell.it

（上图）
桌子，Air- 桌子
设计：Jasper Morrison
材料／工艺：聚丙烯
高度：69.5cm（27in）
宽度：65cm（25in）
厚度：65cm（25in）
公司：Magis SpA，意大利
网址：www.magisdesign.
com

（右图）
桌子，Miura
设计：Konstantin
Grcic
材料／工艺：钢
直径：60cm（23in）
公司：Plank，意大利
网址：www.palnk.it

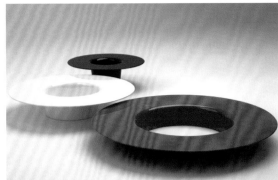

（左图）
桌子组合，Boom
设计：Todd Bracher
材料 / 工艺：喷漆聚氨酯
高度：32.5、26 或 20cm
（13、$10^1/_4$ 或 $7^7/_8$in）
直径：95、135 或 175cm
公司：Serralunga，意大利
网址：www.serralunga.
com

（上图）
桌子和长凳，Sanmarco
设计：Gae Aulenti
材料 / 工艺：钢，锻压板材
高度（桌子）：73cm（28in）
高度（长凳）：45cm（$17^3/_4$in）
宽度（桌子）：80cm（31in）
宽度（长凳）：30cm（$11^3/_4$in）
公司：Zanotta SpA，意大利
网址：www.zanotta.it

（右图）
桌子，桌子 90 家居产品
设计：Wolfgang Pichler
材料 / 工艺：不锈钢，锻
压板材
高度：76cm（29in）
宽度：90cm（35in）
长度：90cm（35in）
公司：Viteo Outdoors，
澳大利亚
网址：www.viteo.at

（左图）
桌子，Canasta 桌
设计：Patricia Urquiola
材料 / 工艺：陶瓷，钢
高度：31cm 或 45cm
（12$\frac{1}{4}$in 或 17$\frac{3}{4}$in）
宽度：33cm 或 47cm（13in
或 18$\frac{1}{2}$in）
厚度：30.5cm 或 45cm
（12$\frac{1}{4}$in 或 17$\frac{3}{4}$in）
公司：B&B Italia，意大利
网址：www.bebitalia.com

（上图）
桌子和长凳组合，姐妹
设计：Vicent Martínez
材料 / 工艺：铝，TAU
（陶瓷原料）
高度（桌子）：75cm
（29in）
高度（长凳）：44cm
（17$\frac{3}{8}$in）
宽度（桌子）：206cm
（81in）
宽度（长凳）：183cm
（72in）
高度（桌子）：90cm
（35in）
高度（长凳）：40cm
（15$\frac{3}{4}$in）
公司：Puntmobles，
西班牙
网址：www.puntmo-
bles.es

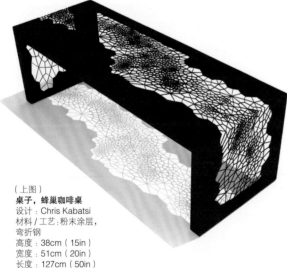

（上图）
桌子，蜂巢咖啡桌
设计：Chris Kabatsi
材料 / 工艺：粉末涂层，
弯折钢
高度：38cm（15in）
宽度：51cm（20in）
长度：127cm（50in）
公司：Arktura，美国
网址：www.arktura.
com

（左图）
餐桌，Modernica 餐桌
材料 / 工艺：不锈钢，
大理石
高度：41cm（16in）
宽度：183cm（72in）
厚度：97cm（38in）
公司：Modernica，加
利福尼亚
网址：www.modernica.
net

（上图）
桌子，酒吧和家居产品
设计：Wolfgang Pichler
材料/工艺：不锈钢，锻压板材
高度：110cm（43in）
宽度：69cm（27in）
长度：190cm（74in）
公司：Viteo Outdoors，澳大利亚
网址：www.viteo.at

（上图）
桌子，大桌子
设计：Xavier Lust
材料/工艺：铝
高度：73cm（28in）
宽度：80 或 90cm（31 或 35in）
长度（最小）：200cm（78in）
长度（最大）：440cm（173in）
公司：MDF Italia，意大利
网址：www.mdfitalia.it

（上图）
桌子，Keramik
设计：Bruno Fattorini
材料/工艺：铝，锻压板材，陶瓷
高度：75cm（29in）
宽度：97cm（38in）
长度：220cm（86in）
公司：MDF Italia，意大利
网址：www.mdfitalia.it

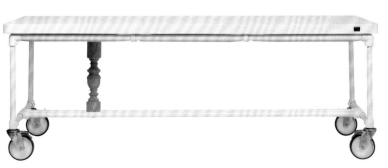

（左图）
桌子，Saloonral 9010
设计：Rein Noels
材料/工艺：钢，木，涂层泡沫
高度：78cm（30in）
宽度：218cm（34in）
厚度：88cm（34in）
公司：Sterk-Design，荷兰
网址：www.sterkde-sign.nl

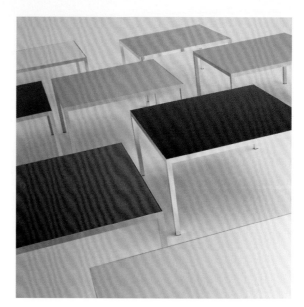

（上图）
咖啡桌，LIM04
设计：Bruno fattorini
材料 / 工艺：铝框架
高度：30cm（11^3/$_4$in）
公司：MDF Italia，意大利
网址：www.mdfitalia.it

（上图）
桌子，餐桌200
设计：Jan des Bouvrie
材料 / 工艺：不锈钢，玻璃
高度：75cm（29in）
宽度：200cm（78in）
厚度：100cm（39in）
公司：FueraDentro，荷兰
网址：www.fueradentro.com

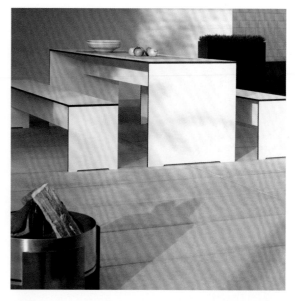

（右图）
桌子和长凳，RIVA
设计：Schweiger & Vierebl
材料 / 工艺：抗刮痕HPL
高度（桌子）：72cm（28in）
高度（长凳）：44cm（17^3/$_8$in）
厚度（桌子）：70cm（27in）
厚度（长凳）：35cm（13^3/$_4$in）
长度（桌子）：160、180
或220cm（63、70^7/$_8$或
86^5/$_8$in）
长度（长凳）：156、176
或216cm（61^3/$_8$、69^3/$_8$或
85in）
公司：Conmoto，德国
网址：www.conmoto.com

（左图）
桌子，轻软的桌子
设计：Gerard der Kinderen
材料／工艺：涂层泡沫，钢
高度：75cm（29in）
宽度：70cm（27in）
长度：70cm（27in）
公司：Feek，比利时
网址：www.feek.be

（上图）
桌子，VITEO 小岛（家居产品）
设计：Wolfgang Pichler
材料／工艺：不锈钢，柚木
高度：47cm（18$\frac{1}{2}$in）
宽度：188cm（74in）
长度：188cm（74in）
公司：Viteo Outdoors，澳大利亚
网址：www.viteo.at

（下图）
桌子和 4 把椅子，室外家具分水岭系列
设计：Paul Galli
材料／工艺：FSC 认证低树龄柚木，不锈钢
高度（椅子）：83cm（32$\frac{1}{2}$in）
高度（桌子）：76cm（30in）
厚度（椅子）：41cm（16in）
厚度（桌子）：99cm（39in）
长度（椅子）：52cm（20$\frac{1}{2}$in）
长度（桌子）：152cm（60in）
公司：Pirwi，墨西哥
网址：www.pirwi.com

（右图）
可叠起堆放的凳子，
Dedal
设计：emiliana design studio
材料 / 工艺：聚氨酯泡沫，旋转式模压聚乙烯
高度：55.1cm（21in）
直径：43.5cm（$17^3/_8$in）
公司：Puntmobles，西班牙
网址：www.puntmobles.es

（上图）
凳子，摇摆
设计：Thelermont Hupton
材料 / 工艺：聚乙烯，聚氨酯
高度：34、50 或 66.5cm（$13^3/_8$、19 或 26in）
直径：21cm（$8^1/_4$in）
公司：Thelermont Hupton，英国
网址：www. thelermonthupton. com

（右图）
凳子，东京 –Pop
设计：Tokujin Yoshioka
材料 / 工艺：聚乙烯
高度：70cm（27in）
宽度：36.5cm（$14^5/_8$in）
厚度：40cm（$15^3/_4$in）
公司：Driade，意大利
网址：www.driade.com

（上图）
座椅，Tumbly
设计：Annet Neugebauer
材料 / 工艺：聚乙烯
高度：48cm（$18^7/_8$in）
宽度：33cm（13in）
厚度：46cm（$18^1/_8$in）
公司：De Vorm，荷兰
网址：www.devorm.nl

（对面页）
凳子，Flod
设计：Azua-Moline
材料 / 工艺：聚乙烯
高度：77cm（30in）
宽度：41.5cm（$16^1/_2$in）
公司：Barcelona，西班牙
网址：www.mobles114. com

（上图）
凳子，Shitake
设计：Marcel
Wanders
材料 / 工艺：旋转式模
压聚乙烯
高度：43cm（16$\frac{7}{8}$in）
宽度：52cm（20in）
厚度：37cm（14$\frac{5}{8}$in）
公司：Moroso SpA，
意大利
网址：www.moroso.it

（上图）
凳子，山上的玩笑
设计：Luca Nichetto
材料 / 工艺：陶瓷
高度：25 或 55cm（9$\frac{7}{8}$ 或
21in）
宽度：45 或 68cm（17$\frac{3}{4}$ 或
37in）
厚度：56 或 94cm（22 或
37in）
公司：Moroso SpA，意大利
网址：www.moroso.it

（右图）
凳子，Nook
设计：Patrick Frey
材料 / 工艺：
VarioLine®，塑料，铝
宽度：42cm（16$\frac{1}{2}$in）
厚度：42cm（16$\frac{1}{2}$in）
公司：Vial GmbH，
德国
网址：www.vial.eu

（左图）
凳子，Miura
设计：Konstantin Grcic
材料 / 工艺：聚丙烯
高度：81cm（31in）
宽度：47cm（18$\frac{1}{2}$in）
厚度：40cm（15$\frac{3}{4}$in）
公司：Plank，意大利
网址：www.plank.it

（右图）
椅子，波浪
设计：Jens Ring
Bursche
材料 / 工艺：聚丙烯
高度：80cm（31in）
宽度：48.5cm（19$\frac{1}{4}$in）
厚度：48cm（18$\frac{7}{8}$in）
公司：Figurae di JDS，
意大利
网址：www.jds.eu

（左图）
咖啡桌，Tod
设计：Todd Bracher
材料 / 工艺：聚乙烯
高度：52cm（20in）
宽度：55cm（21in）
厚度：43cm（16$\frac{7}{8}$in）
公司：Zanotta SpA，
意大利
网址：www.zanotta.it

（右图）
凳子，牛肝菌
设计：Aldo Cibic
材料 / 工艺：聚乙烯
高度：50cm（19in）
直径：35cm（13$\frac{3}{4}$in）
公司：Serralunga，
意大利
网址：www.Serralunga.
com

（上图）
树池座椅，树池
设计：Design Studio Mango
材料 / 工艺：聚乙烯
高度：55cm（21in）
直径：150cm（59in）
公司：Gutzz，荷兰
网址：www.gutzz.com

（上图）
盆栽的工作台，Beethoven
设计：Michael Koening
材料 / 工艺：铝
高度：118cm（46in）
宽度：59cm（23in）
长度：110cm（43in）
公司：Flora Wilh Förster
GmbH & Co.KG，德国
网址：www.flora-online.de

（右图）
花园家具，bok 干草叉座椅
设计：Sander Bokkinga
材料 / 工艺：木材，钢，绳索
高度：70cm（27in）
宽度：40cm（15³/₄in）
厚度：5cm（2in）
公司：bok. Sander
Bokkinga，荷兰
网址：www.sanderbokkinga.
nl

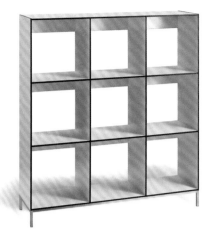

（左图）
架子，Bibliothek HP9
设计：Hans Hansen
材料 / 工艺：HPL
高度：103cm（41in）
宽度：103cm（41in）
厚度：29cm（$11^3/_8$in）
公司：Hans Hansen
h+h furniture GmbH,
德国
网址：www.hanshan-
sen.de

（上图）
晾衣架，Alberto
设计：Fabrica
材料 / 工艺：聚乙烯
高度：181cm（71in）
宽度：8cm（$3^1/_8$in）
长度：96.5cm（38in）
公司：Frezza，意大利
网址：www.casamania.it

（上图）
架子，室外的 Natsiq
设计：Frank Lefebvre
材料 / 工艺：木材，不锈钢
高度：200cm（78in）
宽度：230cm（90in）
厚度：73cm（28in）
公司：Bleu Nature，法国
网址：www.bleunature.com

（右图）
晾衣架，树形仙人掌
设计：Davy Grosemans
材料 / 工艺：旋转式模压
塑料，铝
高度：216cm（85in）
宽度：64cm（25in）
厚度：10cm（$3^7/_8$in）
公司：das ding，比利时
网址：www.dasding.be

特色建筑与景观设计

Shelter

（右图）
室外建筑，Hinkle 农场的棚屋
设计：Jeffery Broadhurst
材料 / 工艺：木材，铝，玻璃，帆布
建筑面积，包括平台：26m²（280ft²）
公司：Jeffery Broadhurst，美国
网址：www.broadhurstarchitects.com

（上图）
平板包装运输的概念活动房屋，小型房屋 – 当代瑞典小屋
设计：Jonas Wagell
材料 / 工艺：苯酚纤维薄膜胶合板，泡沫聚苯乙烯，电镀钢，铝，玻璃，浸渍木料
高度：300cm（118in）
宽度：425cm（167in）
厚度（房屋）：350cm（138in）
厚度（藤架空间）：350cm（138in）
公司：Mini House/Jonas Wagell，瑞典
网址：www.minihouse.se

（右图）
花园凉亭，EcoCube™ II
设计：Ecospace
材料 / 工艺：西部红松木
高度：245cm（96in）
宽度：330cm（130in）
厚度：330cm（130in）
公司：Ecospace，英国
网址：www. ecospacestudios.com

（上图）
小屋，阅读的小巢
设计：Dorte Mandrup Arkitekter
材料/工艺：天然油木条，胶合板
高度：315cm（124in）
高度（天窗）：345cm（136in）
宽度：315cm（124in）
长度：315cm（124in）
公司：Dorte Mandrup Arkitekter，丹麦
网址：www. dortemandrup.dk

（上图）
组合式预制单元，Rincon 5
设计：Marmol Radziner Prefab（Leo Marmol, Ron Radziner）
材料/工艺：钢框架结构模块，玻璃，混凝土砖地面
面积：61m²（660ft²）
公司：Marmol Radziner Prefab，美国
网址：www. marmolradzinerprefab.com

（右图）
工作室/办公室/花园房/灵活空间，The Buckingham
设计：Green Retreats
材料/工艺：玻璃，木材
宽度：410cm（161in）
长度：516cm（203in）
公司：Green Retreats，英国
网址：www. greenretreats.co.uk

（上图）
小型的临时居所，
Sommarnöjen KS2
设计：
Kjellander+Sjöberg
Arkitektkontor/
Sommarnöjen
材料 / 工艺：木材
高度：300cm（118in）
宽度：385cm（152in）
厚度：385cm（152in）
公司：Sommarnöjen，
瑞典
网址：www. sommar-
nojen.se

（对面页）
工作室，生态空间，独
立的工作室
设计：Ecospace
材料 / 工艺：隔板构造系
统生态空间（SIPS），杉
木，Bauder Thermoplan
高度：280cm（110in）
宽度：640cm（252in）
厚度：380cm（149in）
公司：Ecospace，英国
网址：www. ecospaces-
tudios.com

（上图）
可持续小型建筑，大居住
空间
设计：Richard
Frankland
材料 / 工艺：带有各种涂
层材料的木框架结构
宽度：350cm（138in）
长度：670cm（264in）
公司：dwelle，英国
网址：www.dwelle.co.uk

（右图）
可持续小型建筑（家庭工
作室），工作空间
设计：Richard Frankland
材料 / 工艺：带有各种涂
层材料的木框架结构
宽度：230cm（90in）
长度：360cm（141in）
公司：dwelle.，英国
网址：www.dwelle.co.uk

（上图）
可移动住宅，星星的小屋
材料／工艺：木材，玻璃纤维，树脂玻璃
设计：Carréd' Etoiles
高度：300cm（118in）
宽度：300cm（118in）
厚度：300cm（118in）
公司：Carré d' Etoiles，法国
网址：www.carre-detoiles.com

（左图）
休息寓所，避暑别墅
设计：Todd Saunders, Tommie Wilhelmsen
材料／工艺：木材
高度：300cm（118in）
长度：410cm（161in）
公司：Saunders Architecture，挪威
网址：www.saunders.no

（上图）
多功能花园建筑，Walden
设计：Nils Holger Moormann
材料／工艺：落叶松木
高度：386cm（152in）
宽度：110cm（43in）
长度：650cm（256in）
公司：Nils Holger Moormann GmbH，德国
网址：www.moormann.de

（右图）
模块化房屋（小型房屋），Solo
设计：Andy Thompson, Sustain Design Studio Ltd
材料／工艺：红色FunderMax防雨材料
高度：244cm（96in）
长度：1097cm（432in）
公司：Sustain Design Studio Ltd，加拿大
网址：www.sustain.ca

（左图和下图）
住所，可居住的多面体
设计：Architect：Manuel Villa,
Carpenter Luis Carios
材料／工艺：木结构，木墙，金属
窗框架，混凝土地基，金属支撑，
木瓦，丙烯酸树脂圆屋顶
高度：300cm（118in）
宽度：300cm（118in）
厚度：300cm（118in）
公司：Manuel Villa Arquitecto
网址：www. manuelvillaarq.com

（上图和右图）
**可移动的人造绿篱，
Porta 绿篱**
设计：Justin Shull
材料／工艺：
外部：可回收人造圣诞
树，拖车，太阳能板，
监控摄像头
内部：活的植物，野外
手册，鸟鸣的声音，黑
板，观察孔，监视器，
可移动卫生间
高度：244cm（96in）
宽度：244cm（96in）
长度：640cm（252in）
网址：www.justinshull.
us

（上图）
树屋，桤木和橡树
设计：Baumraum
材料/工艺：橡木，优质钢
宽度（低平台）：250cm（98in）
长度（低平台）：700cm（275in）
宽度（房屋）：200cm（78in）
长度（房屋）：330cm（130in）
公司：Baumraum，德国
网址：www. baumraum.de

（上图）
树屋，木兰与松树之间
设计：Baumraum
材料/工艺：橡木，不锈钢
高度（平台）：300cm（118in）
高度（房屋）：400cm（157in）
宽度（房屋）：400cm（157in）
长度（房屋）：400cm（157in）
公司：Baumraum，德国
网址：www. baum-raum.de

（右图）
树屋，梨树小屋
设计：Baumraum
材料/工艺：松木，胶合板，钢
高度：400cm（157in）
长度：450cm（177in）
公司：Baumraum，德国
网址：www. baumraum.de

（上图）
树屋，生活的世界
设计：Baumraum
材料／工艺：橡木，松木，
不锈钢，锌
高度（平台）：500cm
（196in）
高度（房屋）：650cm
（256in）
宽度（房屋）：390cm
（154in）
长度（房屋）：580cm
（228in）
公司：Baumraum，
德国
网址：www. baumraum.
de

（上图，右上图和右图）
树屋，四树屋
设计：Lukasz Kos
材料／工艺：松木，杉木，道
格拉斯冷杉木
高度：975cm（384in）
宽度：244cm（96in）
长度：488cm（192in）
公司：Lukasz Kos，加拿大
网址：www.studiolukaszkos.
com

（右图）
室外住所，立方体
设计：The Garden
Escape Ltd
材料／工艺：西部红雪
松木
宽度：400cm（157in）
长度：400cm（157in）
公司：The Garden
Escape，英国
网址：www. thegar-
denescape.co.uk

（左图）
模块化房屋，Trio
设计：Andy
Thompson，Sustain
Design Studio Ltd
材料／工艺：FSC 认
证的西部红雪松木，
雨幕系统
宽度：36.6m（120ft）
长度：103.6m（340ft）
公司：Sustain Design
Studio Ltd，加拿大
网址：www. sustain.
ca

（上图）
可移动房屋，薄板小屋
设计：Olgga
Architects
材料／工艺：木材
高度：280~320cm
（110~126in）
宽度：210cm（82in）
长度（小部分）：
275cm（108in）
长度（大部分）：
575cm（226in）
公司：Olgga
Architects，法国
网址：www.olgga.fr

（右图）
旅舍，K4
设计：Tom Sandonato,
Will Zemba
材料/工艺：挤压成形
铝，SIP（结构隔离板），
重蚁木地板和壁板，波
浪形铝锌钢板的屋顶和
壁板，内部胶合板墙面，
内部混凝土板
宽度：335cm（132in）
长度：518cm（204in）
公司：kitHAUS，美国
网址：www.kithaus.com

（上图）
**可持续的微型建筑，
小居所**
设计：Richard
Frankland
材料/工艺：带有各种
涂层材料的木框架结构
宽度：265cm（104in）
长度：490cm（193in）
公司：dwelle.，英国
网址：www.dwelle.
co.uk

（左图）
室外建筑，类型 01
设计：Patrick
Anderson
材料/工艺：隔热、隔
声材料，经加压处理
的地板结构，波浪形
铝锌钢壁板，金属，铝，
软木
高度：315cm（124in）
宽度：360cm（141in）
长度：300cm（118in）
公司：Neoshed，美国
网址：www.neoshed.
com

（上图）
**带水疗浴池的室外空
间，茶室水疗浴池**
设计：Paolo Bonazzi
材料/工艺：红杉木
宽度：360cm（141in）
长度：420cm（165in）
公司：Exteta srl，意
大利
网址：www.exteta.it

（上图）
组合式预制房，微型的 STUDIO®
设计：Carib Daniel Martin
材料 / 工艺：外部带有纤维混凝土板的木框架结构，可回收塑料门窗贴面
高度：244cm（96in）
宽度（主要部分）：244cm（96in）
长度（主要部分）：266cm（104in）
公司：Mfinity, LLC，美国
网址：www.m-finity.com

（上图）
组合式预制房，Kit HAUS K3
设计：Tom Sandonato, Will Zemba
材料 / 工艺：铝，隔热、隔音框架板材，重蚁木，波浪形铝锌钢板，玻璃
宽度：396cm（156in）
长度：274cm（108in）
公司：kitHAUS，美国
网址：www.kithaus.com

（左图）
组合式预制房，微型的 CABANA®
设计：Carib Daniel Martin
材料 / 工艺：外部带有纤维混凝土板的木框架结构，可回收塑料门窗贴脸
高度：244cm（96in）
宽度（主要部分）：244cm（96in）
长度（主要部分）：266cm（104in）
公司：Mfinity, LLC，美国
网址：www.m-finity.com

（上图）
模块化住所，MD 42
设计：Edgar Blazona, Brice Gamble
材料 / 工艺：玻璃，木材
宽度：183cm（72in）
长度：244cm（96in）
公司：Modular Dwellings，美国
网址：www.modulardwellings.com

（上图）
**可持续的建筑小屋，
Williams 的小屋**
设计：Stephen Atkinson
材料 / 工艺：木材，胶合板，
混凝土，金属
宽度：366cm（144in）
长度：366cm（144in）
公司：Stephen Atkinson
Architecture，美国
网址：www.studioatkinson.
com

（上图）
**组合式预制后院工作间，工
作间小屋**
设计：Ryan Smith
材料 / 工艺：光面厚木板，
金属屋顶
高度：305cm（120in）
宽度：366cm（144in）
厚度：305cm（120in）
公司：Modern-Shed，美国
网址：www.modern-shed.
com

（右图）
花园建筑，Verona B
设计：Hillhout Bergenco
BV
材料 / 工艺：云杉木
高度：240cm（94in）
宽度：240cm（94in）
厚度：240cm（94in）
公司：Hillhout Bergenco
BV，荷兰
网址：www.hillhout.com

（对面页）
球形树屋，Eryn
设计：Tom Chudleigh
材料 / 工艺：玻璃纤维，
木材
高度：320cm（126in）
直径：320cm（126in）
公司：Free Spirit
Spheres，加拿大
网址：www. freespirit-
spheres.com

（右图）
**家庭办公室 / 工作间，
The Orb™**
设计：David Miller，
The Orb
材料 / 工艺：玻璃，木
材，金属
宽度：300cm（118in）
长度：400cm（157in）
公司：The Orb，英国
网址：www.theorb.biz

（上图）
室外住所，曲线
设计：The Garden Escape
Ltd
材料 / 工艺：铜包钢
宽度：400cm（157in）
长度：700cm（275in）
公司：The Garden Escape，
英国
网址：www. thegardene-
scape.co.uk

（右图）
**室外桑拿房，杉木酒桶桑
拿房**
设计：Northern Lights
Cedar Tubs and Saunas
材料 / 工艺：无瑕西部红雪
松木
高度：213cm（84in）
宽度：213cm（84in）
长度：213cm 或 244cm
（84in 或 96in）
公司：Northern Lights
Cedar Tubs Inc，加拿大
网址：www.cedarbarrel-
saunas.com

（右图）
花园建筑物，户外的桑拿房
设计：Charlie Whinney
材料 / 工艺：蒸汽压弯木材（橡木和白蜡木），羊毛，桑拿加热器
高度：340cm（133in）
宽度：300cm（118in）
长度：450cm（177in）
公司：Charlie Whinney Associates，英国
网址：www.charliewhinney.com

（上图）
临时建筑单元，Sakan 贝壳结构
设计：Kiwamu Yanagisawa，Kazuya Morita，Yuki Ozawa，Naohiko Yamamoto
材料 / 工艺：玻璃纤维增强型混凝土
高度：300cm（118in）
宽度：300cm（118in）
厚度：300cm（118in）
直径：360cm（141in）
公司：Sakan Shell Structure Study Team，日本
网址：www.morita-arch.com

（右图）
花园建筑物，翻滚的避暑小屋
设计：Charlie Whinney
材料 / 工艺：蒸汽压弯木材（橡木和白蜡木）
宽度：300cm（118in）
长度：300cm（118in）
公司：Charlie Whinney Associates，英国
网址：www.charliewhinney.com

（上图）
树屋，02
设计：Dustin Feider
材料 / 工艺：木材，钢，塑料
高度：427~610cm
（168~240in）
公司：O2 Treehouse，美国
网址：www.o2treeh-ouse.com

（上图和左图）
充气结构，Luna
设计：Inflate
材料 / 工艺：抗撕裂尼龙
高度：260cm（102in）
宽度：550cm（217in）
厚度：450cm（177in）
公司：Inflate Products Ltd，英国
网址：www. inflate.co.uk

（右图）
烤火的封闭空间，讲故事和游戏，室外火炉
设计：Haugen/Zohar Arkitekter
材料 / 工艺：木材
高度：450cm（177in）
宽度：520cm（204in）
公司：Haugen/Zohar Arkitekter，挪威
网址：www.hza.no

（右图）
高科技室外居所，流浪的卧室
设计：Elena Colombo
材料／工艺：轻量耐用纤维
高度：213cm（84in）
宽度：183cm（72in）
长度：183cm（72in）
公司：Colombo
Construction Corp.，美国
网址：www.firefeatures.com

（上图）
花园帐篷／避暑别墅／儿童之家，生态居住舱
设计：Igor Zacek, Tomas Zacek
材料／工艺：木结构，可回收金属罐
宽度：560cm（220in）
公司：Nice Architects Ltd,斯洛伐克
网址：www. nicearchitects.sk

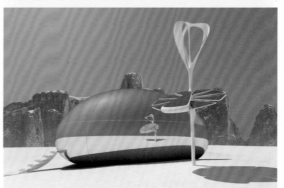

（右图）
自给性居住单元，Alpine 居住舱
设计：Ross Lovegrove
材料／工艺：镜面丙烯酸树脂
高度（入口）：100cm（39in）
公司：Ross Lovegrove Studio，英国
网址：www. rosslovegrove.com

（上图）
**网格状球顶，Solardome®
避风港**
设计：Solardome Industries
Ltd
材料 / 工艺：玻璃，聚酯纤维，
粉末涂层室外等级铝
高度：340cm（133in）
直径：611cm（241in）
公司：Solardome
Industries Ltd，英国
网址：www. solardome.co.uk

（左图）
**可移动网格状球顶，
圆屋顶居所**
设计：Asha
Deliverance
材料 / 工艺：钢管，建
筑纤维
高度：42.7 或 61m
（140 或 200ft）
直径：73.2 或 109.7m
（240 或 360ft）
公司：Pacific Domes，
美国
网址：www. pacific-
domes.com

（上图）
居住单元，阁楼立方体
设计：Studio Aisslinger
材料 / 工艺：钢，玻璃
高度：350cm（138in）
宽度：725cm（285in）
厚度：725cm（285in）
公司：LoftCube GmbH，
德国
网址：www.loftcube.
net

（左图）
**带有桌子和存储空间
的模块化办公室（座
椅可选配），办公室
POD**
设计：Tate+Hindle
材料 / 工艺：玻璃纤维
绝缘板，天然软木，铝，
LED 灯
高度：237cm（93in）
宽度：225cm（88in）
厚度：225cm（88in）
公司：OfficePOD，
英国
网址：www.officepod.
co.uk

（左图）
**花园工作室，QC 2 Lo-Line 花
园工作室**
设计：Alex Booth，Brian
Connellan
材料 / 工艺：UPVC，电镀钢
高度：250cm（98in）
宽度：366cm（144in）
长度：305cm（120in）
公司：Booths Garden Studios，
英国
网址：www.boothgardenstu-
dios.co.uk

（上图）
**活动式生态别居，
M.E.S.H**
设计：Sanei Hopkins
Architects
材料 / 工艺：波纹塑料，
波纹钢，松木，木材，
防水帆布
高度：360cm（141in）
长度：300cm（118in）
厚度：110cm（43in）
公司：Sanei Hopkins
Architects，英国
网址：www.saneiho-
pkins.co.uk

（上图）
藤架，努德菲耶尔系列
设计：乌尔夫·努德菲
耶尔
材料 / 工艺：电镀钢
高度：250 或 280cm
（98 或 110in）
宽度：200 或 240cm
（78 或 94in）
公司：Nola，瑞典
网址：www.nola.se

（左图）
预制舱，空气舱
设计：Nick Crosbie，
Roddy Mac
材料 / 工艺：胶合板，
玻璃，铝，PVC
高度：280cm（110in）
长度：300cm（118in）
厚度：400cm（157in）
公司：Inflate，英国
网址：www. inflate.
co.uk
网址：www.airclad.
com

（左图和上图）
小型住宅，Paco
设计：Jo
Nagasaka+Schemata
Architecture Office
材料 / 工艺：木材，玻璃
纤维增强塑料
高度：282cm（111in）
宽度：282cm（111in）
长度：282cm（111in）
厚度：282cm（111in）
公司：Schemata
Architecture Office，日本
网址：www.sschemata.
com

（右图）
住宅工作间，Spacebox®
设计：Mart de Jong
材料 / 工艺：优质合成
材料
高度：280cm（110in）
宽度：300cm（118in）
长度：650cm（256in）
公司：HCI，荷兰
网址：www.spacebox.
nl

上野淳

随着居住空间价格的增长，特别是在大城市，我们越来越关注室外的空间，而建筑师也在寻求新的建筑形式，以迎合我们变化的需求和生活方式。

设计不再单单关注于功能，而是包含在一定的造型之中。传统的室外结构，从常见的花园遮阳伞到 faux Tyrolean 的避暑别墅，在近几年都经历了彻底的改变，而这种改变被称为现代主义。现在，不同于以前那些粗俗简陋的结构，从办公室、健身房到艺术家工作室及客房，室外空间的建造会用到各种各样的材料，并将其用于各种不同的用途。这些新的结构具有良好的建筑特性，为任何可以被叫做室外空间的地方提供了新的形式。

"魔法箱子"就是这样一个能够抓住时代精神的作品，由日本建筑师上野淳（Jun Ueno）设计，他的位于洛杉矶的 Magic Box 公司于 2005 年成立。Ueno 曾在东京的日本大学学习艺术和建筑，这两个学科的训练，加上他对于建筑设计和景观设计之间动态关系的理解，成就了他的工作。"魔法箱子"是他的代表作，是最基本的、可拆卸的 21 世纪花园建筑，正如他自己所说，"我年轻的时候曾一度对临时建筑感兴趣，我也曾设计过很多活动房屋结构，但是我想要创造出半永久接合的临时建筑，并且要实用，对每个人都有益。我真正想设计的是一种多变的空间，它可以有多种功能，使用者也可以在建造的过程中来决定这个空间的用途。在设计时，我只注入 50% 的个人情感，留出剩余的 50% 给使用者。我在设计时有四条标准：1）它可以建在任何地方；2）它具有广泛的用途；3）内部设计一定要提供高水平的舒适感；4）提供一种全新的、没有人曾体验过的环境。"

"魔法箱子"由粉木涂层不锈钢和玻璃构成，尺寸灵活，可以小到售货亭，大到一整座房子，它的用途没有限制。它可以被建在任何室外环境中，同时只要有电

和水的提供，它甚至可以用于室内；它可以被用于住宅或度假房屋，在商业上，可以被用做咖啡馆、餐馆或办公室。

这个设计的概念主要来源于上野的多年积累。"我一直对古代建筑的结构感兴趣，比如桂离宫和鹿苑寺，它们都是日本传统的木建筑，"他自己解释说，"我觉得这些建筑不论从里面看还是外面看都很美，而这也是我在设计"魔法箱子"时所想表达的。此外，在设计时，我的一部分灵感来源于折纸，在日本传统手工折纸艺术的启发下进行设计，形成了这个结构的微妙之处以及装饰效果。

"魔法箱子"也有很强的雕塑感，上野曾在日本印象派雕刻家关根信男（Nobuo Sekine）的工作室工作，关根创作了很多环境艺术作品。尽管这样，从哲学的角度

来看，正如上野所说，"我的愿望是创造一个新的概念，它既不属于艺术也不属于建筑。"他的解决方法是将这两个领域的特点融合，通过每个面玻璃的间隙，在熟悉的形式中抽象和变化出不同寻常的设计，在功能与美之间建立一种良好的平衡。"我希望我的设计是'简洁'的，"他解释说，"本身没有什么独特性，主要是让房间里发生的事情成为视觉上的重点。"

上野觉得近几年室外空间设计正成为人们普遍的需求，他感觉我们现在生活的压力越来越大，并且我们需要的是"把自然的美注入我们的生活方式或工作环境中"，这就像一种治疗，是一个有助于恢复的过程。上野现在正在做一个景观设计，完善"魔法箱子"并加强它的治愈特性。

（上图）
预制安装建筑，魔法箱子
设计：Jun Ueno
材料/工艺：钢，双层玻璃
高度：300cm（118in）
宽度：300cm（118in）
厚度：300cm（118in）
公司：Magic Box Inc，美国
网址：www.magicboxincusa.com

（上图）
模块化住所，MD 144
设计：Edgar Blazona
材料／工艺：钢，半
透明玻璃纤维
宽度：366cm（144in）
长度：366cm（144in）
公司：Modular
Dwellings，美国
网址：www.modular-
dwellings.com

（上图）
定制作品，O2 活动场所
设计：The Garden
Escape Ltd
材料／工艺：杉木贴面，
屋顶悬挑部分锌贴面，
粉末涂层铝门窗框架
宽度：6m（19⁵/₈ft）
长度：18m（59ft）
公司：The Garden
Escape，英国
网址：www. thegard-
enescape.co.uk

（右图）
**预制活动房，微型
SHED®**
设计：Carib Daniel
Martin
材料／工艺：外部带有
纤维混凝土板的木框
架结构，可回收塑料
门窗贴面
高度：244cm（96in）
宽度（主体）：244cm
（96in）
长度（主体）：244cm
（96in）
公司：MFinity，LLC，
美国
网址：www.m-finity.
com

（上图和右上图）
附属建筑，Mandeville 峡谷树屋
设计：Christopher Kempel，Rockefeller Partners Architects
材料 / 工艺：混凝土，涂漆钢，不锈钢，木材，玻璃
宽度：300cm（118in）
长度：550cm（217in）
公司：Rockefeller Partners Architects，美国
网址：www. rockefeller-pa.com

（右图）
住宅，住宅 H
设计：Bevk Perovic Arhitekti
材料 / 工艺：混凝土
高度（最大）：425cm（167in）
高度（最大）：325cm（128in）
宽度（最大）：609cm（240in）
长度（最大）：1329cm（523in）
公司：Bevk Perovic Arhitekti，斯洛文尼亚
网址：www.bevkperovic.com

（右图）
旅舍，LVM
设计：Rocio Romero
材料／工艺：铜色金属板，玻璃，双层墙板系统
高度：343cm（135in）
宽度：765cm（301in）
厚度：765cm（301in）
公司：Rocio Romero LLC，美国
网址：www.rocioromero.com

（上图）
帐篷
设计：Richard Schultz
材料／工艺：不锈钢，带褶皱的乙烯树脂网格的顶面和侧面帘幕
宽度：305cm（120in）
长度：305cm（120in）
公司：Richard Schultz，美国
网址：www.richardschultz.com

（右图）
花园凉亭（真实大小的挖掘机形状，表面覆盖藤蔓植物），绿洲
设计：Studio Jo Meesters，Marije van der Park
材料／工艺：粉末涂层钢
高度：397cm（156in）
宽度：249cm（98in）
长度：732cm（288in）
公司：Studio Jo Meesters，荷兰
网址：www.jomeesters.nl

（上图）
凉亭，棚架
设计：Frassinago Lab
材料 / 工艺：不锈钢，
分层材质的板条，室
外专用织物
高度：250cm（98in）
宽度：340cm（133in）
长度：340cm（133in）
公司：Coro，意大利
网址：www.coroitalia.it

（上图）
沙发床
设计：José A,
Gandia-Blasco
材料 / 工艺：阳极氧化
铝，聚氨酯泡沫橡胶
高度：205cm（80in）
宽度：205cm（80in）
厚度：205cm（80in）
公司：Gandiablasco,
西班牙
网址：www. gandiab-
lasco.com

（右图）
棚架，Módulo
设计：José A, Gandia-
Blasco
材料 / 工艺：阳极氧化铝，
塑料纤维帆布
高度：250cm（98in）
宽度：246cm（97in）
厚度：246cm（97in）
公司：Gandiablasco,
西班牙
网址：www. gandiab-
lasco.com

（右图）
可回收的遮阳避雨系统，Impact
设计：R&D Corradi
材料 / 工艺：铝条，
PVC 可折叠帆布
公司：Corradi，意大利
网址：www. corradi.eu

（上图）
可回收的遮蔽系统，
Pergotenda® Iridium
设计：R&D Corradi
材料 / 工艺：铝，定制
PVC 可折叠帆布
公司：Corradi，意大利
网址：www. corradi.eu

（右图）
垂直遮阳棚，VertiTex
设计：Weinor
材料 / 工艺：Soltis® 半
透明织物
高度：240cm（94in）
宽度：600cm（236in）
公司：Weinor GmbH &
Co. KG，德国
网址：www.weinor.de/
网址：www.weinor.com

（上图）

屋顶花园，花园公寓
设计：Gianni Botsford
材料 / 工艺：白色粉末涂层
钢网格（地板），白色粉末
涂层低碳钢（楼梯和扶手），
白色树脂（长凳），可移动
玻璃和钢（滑动天窗）
高度：320cm（126in）
长度：750cm（295in）
公司：Gianni Botsford
Architects，英国
网址：www.giannibotsford.
com

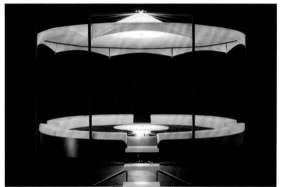

（右图）

休息室家具，BeHive
设计：Dirk Wynants
材料 / 工艺：网眼夏服料，
人造革，桌子和灯的照明
装置（220V）
高度：300cm（118in）
直径：400cm（157in）
公司：Extremis，比利时
网址：www.extremis.be

（左图）
遮阳板，Kenyan
设计：Uriah Bueller
材料 / 工艺：90% 可
回收实心铜
定制尺寸
公司：Parasoleil，美国
网址：www. parasoleil.
com

（上图）
遮阳板，Flanigan
设计：Uriah Bueller
材料 / 工艺：90% 可
回收实心铜
定制尺寸
公司：Parasoleil，美国
网址：www. parasoleil.
com

（上图）
**张拉膜遮阳结构，
Chelsea**
设计：Colin Puttick
材料 / 工艺：优质防
水不锈钢，喷漆 PVC/
PES 薄膜
高度：320cm（126in）
宽度：750cm（295in）
长度：750cm（295in）
公司：Arc-Can Shade
Structures Ltd，英国
网址：www.arccan.
co.uk

（左图）
自动遮蔽系统，遮阳方形帆
设计：Mag. Gerald Wurz
材料 / 工艺：不锈钢，Sattler
321 巴拿马帆布
高度：250~400cm
（98~157in）
宽度（最大）:700cm（275in）
长度（最大）:700cm（275in）
公司：SunSquare Kautzky
GmbH，澳大利亚
网址：www. sunsquare.com

（右图）
自动遮阳系统，遮阳方形帆
设计：Mag. Gerald Wurz
材料 / 工艺：不锈钢，Sattler 321 巴拿马帆布
高度：250~400cm（98~157in）
宽度（最大）：700cm（275in）
长度（最大）：700cm（275in）
公司：SunSquare Kautzky GmbH，澳大利亚
网址：www. sunsquare. com

（上图）
张拉膜遮阳结构，Curzon AH2400
设计：Colin Puttick
材料 / 工艺：优质防水不锈钢，喷漆 PVC/PES 薄膜
高度：320cm（126in）
宽度：425cm（167in）
长度：468cm（184in）
公司：Arc-Can Shade Structures Ltd，英国
网址：www.arccan.co.uk

（左图）
张拉膜遮阳结构，Curzon AH5000
设计：Colin Puttick
材料 / 工艺：粉末涂层钢，喷漆 PVC/PES 薄膜
高度：340cm（133in）
宽度：608cm（239in）
长度：608cm（239in）
公司：Arc-Can Shade Structures Ltd，英国
网址：www.arccan.co.uk

（右图）
张拉膜遮阳结构，Concord CPH4000L
设计：Colin Puttick
材料 / 工艺：优质防水不锈钢，喷漆 PVC/PES 薄膜
高度：320cm（126in）
宽度：678cm（267in）
长度：798cm（314in）
公司：Arc-Can Shade Structures Ltd，英国
网址：www.arccan.co.uk

（右图）
遮阳棚，Camerarius
设计：Markus Boge,
Patrick Frey
材料/工艺：不锈钢,
聚酯纤维
高度（杆）：300cm
（118in）
宽度（每片）：90cm
（35in）
长度（每片）：120cm
（47in）
公司：Skia GmbH,
德国
网址：www.skia.de

（上图）
遮阳叶片，Rimbou
Venus
设计：Pieter Willemyns
材料/工艺：铝,不锈钢,
织物
高度：220cm（86in）
宽度：130cm（51in）
公司：Umbrosa NV,
比利时
网址：www.umbrosa.be

（右图）
遮阳帆，方形蝴蝶
设计：Gerald Wurz
材料/工艺：不锈钢,
帆布（丙烯酸树脂）
宽度：540cm（212in）
长度：540cm（212in）
公司：Viteo
Outdoors,澳大利亚
网址：www.viteo.at

（左图）
发光的遮阳伞，Juri G
设计：Studio Vertijet
材料 / 工艺：聚酯纤维，
不锈钢
LED 灯，220V（RGB-
可换颜色）
高度：300cm（118in）
直径：310cm（122in）
公司：Skia GmbH，
德国
网址：www.skia.de

（上图）
遮阳伞，Tornado
设计：Klaus Weihe
材料 / 工艺：不锈钢，
PVC 材料
高度：329 或 370cm
（130 或 146in）
宽度：280 或 420cm
（110 或 165in）
长度：280 或 420cm
（110 或 165in）
公司：Tradewinds
Parasol，南非
网址：www. tradew-
inds.co.za

（左图）
布道坛，Oris
设计：Dirk Wynants
材料 / 工艺：铝
高度：260cm（102in）
直径：260cm（102in）
公司：Extremis，比利时
网址：www.extremis.be

（右图）
壁装式遮阳伞，Paraflex
设计：Peter Leleu
材料 / 工艺：铝，不锈钢，
烯烃
直径：270cm（106in）
公司：Umbrosa，比利时
网址：www.umbrosa.be
网址：www.globalparas-
ols.com

（对面页）
**折叠式遮阳伞，
Ensombra 阳伞**
设计：Odosdesign
材料 / 工艺：电镀热喷铁，
热喷不锈钢，酚醛树脂板
高度：212cm（83in）
直径：180 或 210cm（70
或 82in）
公司：Gandiablasco，
西班牙
网址：www.gandiablasco.
com

（上图）
**悬臂遮阳伞，海洋之
王 MAX 经典悬臂**
设计：Dougan Clarke
材料 / 工艺：优质防水
铝，不锈钢
高度（打开）：259cm
（102in）
直径：396cm（156in）
公司：Tuuci，美国
网址：www.tuuci.com

（右图）
遮阳棚，剪影
设计：Woodline
材料 / 工艺：铝，不锈钢，
sunbrella 织物顶棚
高度：245cm（96in）
宽度：300cm（118in）
长度：500cm（196in）
公司：Woodline，南非
网址：www.woodline.
co.za

（左图）
遮阳伞，Nenufar
设计：Yonoh
材料 / 工艺：涂漆铝（织物：法拉利公司的 Batyline 薄膜）
高度：220cm（86in）
宽度（底座）：48cm（$18^{7}/_{8}$in）
公司：Samoa，西班牙
网址：www.samoadesign.com

（上图）
遮阳伞，清风
设计：Davy Grosemans
材料 / 工艺：聚酯纤维，PVC 涂层的丙烯酸树脂纤维，不锈钢，阳极氧化粉末涂层铝
高度：245cm（96in）
宽度：250cm（98in）
长度：350cm（138in）
公司：Symo NV，比利时
网址：www.symo.be

（下图）
遮阳伞，海洋之王自动遮阳伞
设计：Dougan Clarke
材料 / 工艺：优质防水铝，模块化专利系统
高度（打开）：259cm（102in）
直径：396cm（156in）
公司：Tuuci，美国
网址：www.tuuci.com

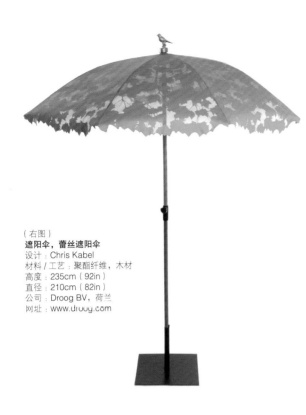

（右图）
遮阳伞，蕾丝遮阳伞
设计：Chris Kabel
材料 / 工艺：聚酯纤维，木材
高度：235cm（92in）
直径：210cm（82in）
公司：Droog BV，荷兰
网址：www.droog.com

（上图）
遮阳伞，分枝
设计：Ilaria Marelli
材料 / 工艺：涂漆金属
高度：250cm（98in）
宽度：225cm（88in）
长度：145cm（57in）
公司：Coro Italia，意
大利
网址：www. coroitalia.it

（左图）
**伞，自动开启式多层防
风伞**
设计：Surinder Jindal
材料 / 工艺：不锈钢，铝，
防水聚酯纤维
直径：240cm（94in）
公司：Loom Crafts
Furniture Pvt Ltd，印度
网址：www.loomcrafts.
com

269

庭园装饰艺术

Art for gardens

（上图）
金色宝石箱形亭子
设计：Angela Fritsch
Architekten
材料 / 工艺：激光切割铝板
高度：300cm（118in）
宽度：644cm（354in）
长度：937cm（369in）
公司：Angela Fritsch
Architekten，德国
网址：www.af-architekten.
de

（上图）
壁画，无题
设计：Alexander Beleschenko
材料 / 工艺：表面上釉的钢化薄
玻璃板
高度：297cm（117in）
宽度：300cm（118in）
厚度：1.5cm（$\frac{5}{8}$in）
公司：Alexander Beleschenko，
英国
网址：www. beleschenko.com

（右图）
棕榈叶形屏风
设计：Natasha Webb
材料 / 工艺：刷面不锈钢
高度：140cm（55in）
宽度：120cm（47in）
厚度：3mm（$\frac{1}{8}$in）
公司：Design to Grace，英国
网址：www.designtograce.
co.uk

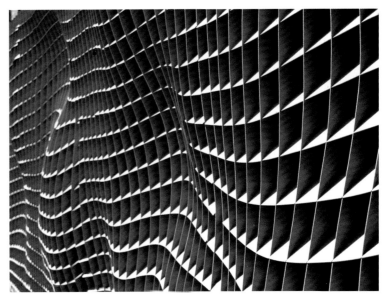

（上图）
**雕刻的大门和边界，优
质木门**
设计：Robert Frith
高度：200cm（78in）
宽度：10m（33ft）
厚度：80cm（31in）
公司：Superblue
Design Ltd，英国
网址：www.superblue.
co.uk

（上图）
盆式边界围墙，蜂窝状围栏
设计：Robert Frith
材料／工艺：粉末涂层铝，钢
高度：200cm（78in）
宽度：10m（33ft）
厚度：80cm（31in）
公司：Superblue Design Ltd，
英国
网址：www.superblue.co.uk

（右图）
植物与蝴蝶形屏风
设计：Natasha Webb
材料／工艺：刷面不锈钢
高度：150cm（59in）
宽度：66m（26ft）
厚度：3mm（$^1/_8$in）
公司：Design to Grace，英国
网址：www.designtograce.
co.uk

庭园装饰艺术

（右图）
阳台隔板，夏天的面纱
设计 : Natasha Webb
材料 / 工艺 : 不锈钢
高度 : 150cm（59in）
宽度 : 120cm（49in）
厚度 : 4mm（$\frac{1}{8}$in）
公司 : Design to Grace,
英国
网址 : www.designtog-
race.co.uk

（上图）
屏风，蛇与太阳 1
设计 : Wally Gilbert
材料 / 工艺 : 可延展的铸铁
高度（每片）: 122cm（48in）
宽度（每片）: 86m（34ft）
厚度 : 2.5cm（1in）
公司 : Wally Gilbert，英国
网址 : www. wallygilbert.
co.uk

（左图）
金属艺术墙，许愿
设计 : Garth Williams
材料 / 工艺 : 不锈钢，蜡
高度 : 60cm（23in）
宽度 : 60cm（23in）
公司 : Edge Company,
英国
网址 : www.edgecom-
pany.co.uk
网址 : www.gardenbeet.
com

（上图）
栏杆，手工锻造的现代栏杆
设计 : Bushy Park Ironworks
材料 / 工艺 : 镀锌
高度（栏杆）: 100cm（39in）
高度（端柱）: 140~170cm
（55~66in）
公司 : Bushy Park Ironworks，爱
尔兰
网址 : www. bushyparkironworks.
com

（右图）
围墙 / 栅栏，铁锈色的花饰围墙
设计：Secret Gardens Furniture
材料 / 工艺：手工锻造的铁锈色金属
高度：120cm（47in）
宽度：100cm（39in）
公司：Secret Gardens Furniture，英国
网址：www. secretgardens-furniture.com

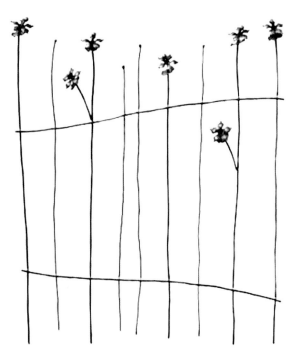

（下图）
大门，干裂的土地和热霾
设计：Tim Fortune
材料 / 工艺：低碳钢
高度：180cm（70in）
宽度：80cm（31in）
公司：Tim Fortune，英国
网址：www.timrortune.com

（右图）
大门，Mowbray 公园大门
设计：Wendy Ramshaw
材料 / 工艺：低碳钢，玻璃，工业涂料
高度：300cm（118in）
宽度：500cm（196in）
厚度：12mm（4$^3/_4$in）
公司：Wendy Ramshaw，英国
网址：www. ramshawwat-kins.com

庭园装饰艺术

（上图）
镌刻，Archimedes'
Blues Ⅱ
设计：Gary Breeze
材料 / 工艺：威尔士板岩
高度：22cm（8⅝in）
宽度：98cm（38in）
厚度：2cm（¾in）
公司：Gary Breeze，英国
网址：www. garybreeze.
co.uk

（右图）
池塘盖，装饰性的池塘盖，
Prior 的法学院
设计：Wendy Ramshaw
材料 / 工艺：阳极氧化铝
宽度：180cm（70in）
长度：360cm（141in）
厚度：2cm（¾in）
公司：Wendy Ramshaw，
英国
网址：www. ramshawwa-
tkins.com

（上图）
大门，Pilsdon Pen 的大门和
阶梯
设计：Karen Hansen
材料 / 工艺：英国橡木
高度：110cm（43in）
宽度：330cm（130in）
公司：Karen Hansen，英国
网址：www. karenhansen.co.uk

（左图）
花园马赛克，栩栩如生的马赛克
设计：Maggy Howarth
材料 / 工艺：卵石
面积：28m²（301ft²）
公司：Maggy Howarth，英国
网址：www. maggyhowarth.co.uk

277

庭园装饰艺术

（右图）
玻璃雕塑，波斯池塘温室，
皇家植物园，邱宫
设计：Dale Chihuly
材料 / 工艺：人工吹制玻璃
公司：Chihuly Studio，美国
网址：www. chihuly.com

（上图）
花园装饰，栅栏上部的小
鸟形防护装饰物
材料 / 工艺：粉末涂层金属
鹪鹩 / 泥色鸫：6cm×6cm
（ $2^3/_8$in × $2^3/_8$in ）
画眉 / 八哥：7cm×7cm
（ $2^3/_4$in × $2^3/_4$in ）
公司：The Worm That
Turned，英国
网址：www.worm.co.uk

（右图）
装饰性的金属作品，鱼
设计：Mike Savage
材料 / 工艺：铜，铝
高度：100cm（39in）
长度：30cm（ $11^3/_4$in ）
公司：Mike Savage，英国
网址：www. mikesavage-
sculptor.blogspot.com

（左图）
花园雕塑，蝴蝶屏风
设计：Yasemen Hussein
材料 / 工艺：玻璃，有机玻璃，
石墨，钢
高度：183cm（72in）
宽度：183cm（72in）
公司：Yasemen Hussein，英国
网址：www. yasemenhussein.
com

（上图）
装置，无限的领地
设计：Inge Panneels
材料 / 工艺：浇铸玻璃
高度：120cm（47in）
宽度：10cm（$3^3/_8$in）
公司：Inge Panneels，
英国
网址：www.idagos.co.uk

（左图）
花园雕塑，Vigil
设计：Jonathan Garratt
材料 / 工艺：柴烧瓷，不锈钢
高度（单体）：6cm（$2^3/_8$in）
长度（单体）：6cm（$2^3/_8$in）
公司：Jonathan Garratt，英国
网址：www. jonathangarratt.com

279

（右图）
玻璃雕塑，奥林匹亚之树
设计：Neil Wilkin
材料／工艺：锻造带纹路
的优质防水不锈钢，实心
玻璃
高度：350cm（138in）
宽度：300cm（118in）
公司：Neil Wilkin，英国
网址：www.neilwilkin.com

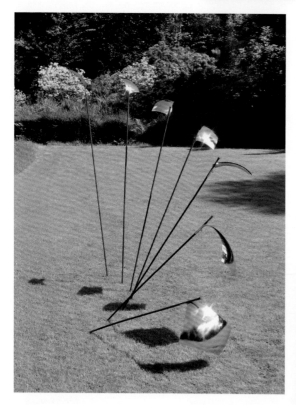

（上图）
花园雕塑，Cirrus
设计：John Creed
材料／工艺：不锈钢
高度：200cm（78in）
公司：John Creed，英国
网址：www.creedmetal-
work.com

（右图）
花园雕塑，Cumulus
设计：John Creed
材料／工艺：不锈钢
高度：200cm（78in）
公司：John Creed，英国
网址：www.creedmetal-
work.com

（左图）
玻璃雕塑，露珠
设计：Neil Wilkin
材料/工艺：实心玻璃
珠，316 优质防水不
锈钢
高度（杆）：最高
200cm（78in）
直径：7、9 或 10.5cm
（2³/₄、3¹/₂ 或 4¹/₈in）
公司：Neil Wilkin，
英国
网址：www. neilwilkin.
com

（上图）
玻璃雕塑，金色的种子
设计：Neil Wilkin
材料/工艺：24ct 金实心
玻璃花瓣，316 优质防水
不锈钢
高度：150~220cm
（59~86in）
直径：60cm（23in）
公司：Neil Wilkin，英国
网址：www. neilwilkin.com

（右图）
玻璃雕塑，泪珠
设计：Neil Wilkin
材料/工艺："泪珠型"吹
制实心玻璃，316 优质防
水不锈钢
高度（杆）：最高 200cm
（78in）
直径：7、9 或 10.5cm
（2³/₄、3¹/₂ 或 4¹/₈in）
公司：Neil Wilkin，英国
网址：www. neilwilkin.com

（上图）
生物雕塑，成长的小岛
设计：Eberhard Bosslet
材料 / 工艺：聚氨酯，玻璃纤维
高度：45~90cm（$17^3/_4$~35in）
公司：Eberhard Bosslet at VG-Bild/Kunst and Whiteconcepts，德国
网址：www.whiteconcepts.de
网址：www.bosslet.com

（上图）
屏风
设计：Viki Govan, Richard Warner
材料 / 工艺：电镀低碳钢
高度：116cm（46in）
宽度：33cm（13in）
厚度：6mm（$^1/_4$in）
公司：Iron Vein，英国
网址：www.ironvein.co.uk

（右图）
雨水收集器，再生的叶子
设计：Fulguro
材料 / 工艺：喷漆铝
高度：最高63cm（24in）
直径：38cm（15in）
公司：Teracrea，意大利
网址：www.teracrea.com

（左图）
人造树（可作为棚架），巢树
设计：Jirachai Tangkijngamwong
材料 / 工艺：柚木
高度：250 或 270cm（98 或 106in）
直径：250 或 200cm（98 或 78in）
公司：Deesawat Industries Co., Ltd，泰国
网址：www.deesawat.com

（上图）
花园桩，Fallin'
设计：notNeutral design team
材料 / 工艺：粉末涂层钢
高度：38~86cm（15~34in）
公司：notNeutral，美国
网址：www. notneutral. com

（下图）
花园桩，Bloomin'
设计：notNeutral design team
材料 / 工艺：粉末涂层钢
高度：38~86cm（15~34in）
公司：notNeutral，美国
网址：www. notneutral.com

（上图）
金属丝雕塑，带着小羊的
科茨沃尔德绵羊
设计：Rupert Till
材料 / 工艺：金属丝网
高度：80cm
宽度：50cm
长度：120cm（47in）
公司：Rupert Till，英国
网址：www. ruperttill.com

（上图）
金属丝雕塑，马
设计：Rupert Till
材料 / 工艺：钢丝
高度：210cm（82in）
宽度：60cm（23in）
长度：180cm（70in）
公司：Rupert Till，英国
网址：www. ruperttill.com

（右图）
金属丝雕塑，黑色的母鸡
设计：Celia Smith
材料 / 工艺：钢丝和铜丝
高度：42cm（16$\frac{1}{2}$in）
宽度：30cm（11$\frac{3}{4}$in）
公司：Celia Smith，英国
网址：www.celia-smith.co.uk

（上图）
风向标，红色的公鸡
设计：Afra and Tobia
Scarpa
材料／工艺：铝，不锈钢
高度（最大）：260cm
（102in）
公司：Dimensione
Disegno srl，意大利
网址：www.dimensione-
disegno.it

（右顶图）
风向标，蓝鸟
设计：Afra and Tobia
Scarpa
材料／工艺：铝，不锈钢
高度（最大）：260cm
（102in）
公司：Dimensione
Disegno srl，意大利
网址：www.dimensione-
disegno.it

（上图和右图）
晾衣绳，早起的鸟
设计：Fabian von
Spreckelsen
材料／工艺：粉末涂层
钢，电镀钢缆，PS
高度：200cm（78in）
宽度：95cm（37in）
公司：First Aid Design，
荷兰
网址：www.first-aid-
design.com

（下图）
**烛台，睡莲（花园花卉
系列）**
设计：Junko Mori
材料／工艺：粉末涂层低
碳钢
高度：15cm（5$\frac{7}{8}$in）
宽度：29cm（11$\frac{3}{8}$in）
长度：29cm（11$\frac{3}{8}$in）
公司：Junko Mori，英国
网址：www. junkomori.
com

（上图）
日晷，Solea
设计：Ralph
Kondermann
材料／工艺：不锈钢，
粉末涂层钢
高度：65cm（25$\frac{1}{2}$in）
直径：37cm（14$\frac{1}{2}$in）
公司：Blomus GmbH，
德国
网址：www.blomus.com

（上图）
雕塑，波浪
设计：Malcolm Martin，
Gaynor Dowling
材料／工艺：杉木
高度：240cm（94in）
宽度：30cm（11$\frac{3}{4}$in）
公司：Martin and
Dowling，英国
网址：www. martinand-
dowling.co.uk

（右图）
雕塑，升天
设计：Ferry Staverman
材料／工艺：铁，玻璃
纤维，胶，PVC，MDF
高度：103cm（41in）
高度（距地面高度）：
170cm（66in）
直径：16cm（6$\frac{1}{4}$in）
公司：Ferry Staverman，
荷兰
网址：www.ferrystaver-
man.nl

（上图）
雕塑，橡木日蚀
设计：Barry Mason
材料 / 工艺：绿橡木，不锈钢，石材
高度：220 或 260cm（86 或 102in）
公司：Barry Mason，英国
网址：www. barry-mason. co.uk

（上图）
动态艺术雕塑，红色的螺旋体
设计：Ivan Black
材料 / 工艺：不锈钢，丙烯酸树脂
高度：210cm（82in）
直径：60cm（23in）
公司：Ivan Black，英国
网址：www. ivanblack. co.uk

（左图）
雕塑，Thales
设计：Barry Mason
材料 / 工艺：镜面抛光不锈钢
高度：280cm（110in）
公司：Barry Mason，英国
网址：www. barry-mason. co.uk

（上图）
雕塑，帆
设计：Matt Stein
材料/工艺：镜面 316 不锈钢
高度：200cm（78in）
宽度：100cm（39in）
厚度：50cm（19in）
公司：Steinworks Sculpture,
英国
网址：www.steinworks.co.uk

（上图）
雕塑，共鸣
设计：Matt Stein
材料/工艺：刷面 316 不锈钢
高度：200cm（78in）
宽度：100cm（39in）
厚度：50cm（19in）
公司：Steinworks Sculpture,
英国
网址：www.steinworks.co.uk

（右图）
雕塑，滴水的缸
设计：Kathy Dalwood
材料/工艺：混凝土
高度：30cm（11^3/$_4$in）
公司：Kathy Dalwood，英国
网址：www. kathydalwood.
com

（上图）
雕塑，九号卫星
设计：Gary Breeze
材料 / 工艺：Purbeek 石灰岩
石，威尔士板岩石
高度：110cm（43in）
宽度：45cm（17³/₄in）
厚度：45cm（17³/₄in）
直径（球体）:30cm（11³/₄in）
公司：Gary Breeze，英国
网址：www.garybreeze.co.uk

（上图）
雕塑，阳伞
设计：Bruce Williams
材料 / 工艺：喷漆钢
高度：150cm（59in）
宽度：150cm（59in）
长度：150cm（59in）
公司：Bruce Williams，英国
网址：www.brucewilliams.net

（左图）
雕塑，Half Sphelix
设计：Johnny Hawkes
材料 / 工艺：玻璃纤维
直径：92cm（36in）
公司：PW Ltd，英国
网址：www.sphelix.com

289

（上图）
座椅，珊瑚
设计：Fernando and
Humberto Campana
材料 / 工艺：人工弯曲环氧
树脂涂层钢丝
高度：90cm（35in）
高度（座位）:45cm（17^3/$_4$in）
宽度：100cm（39in）
长度：145cm（57in）
公司：Edra，意大利
网址：www.edra.com

（上图）
雕塑 / 座椅，水磨石座椅
设计：Thomas
Heatherwick
材料 / 工艺：抛光混凝土
高度：83cm（32in）
宽度：75cm（29in）
长度：275cm（108in）
公司：Heatherwick
Studio，英国
网址：www. heatherwick.
com

（右图）
雕塑，刺芹
设计：Ruth Moilliet
材料 / 工艺：不锈钢
直径：150cm（59in）
公司：Ruth Moilliet，英国
网址：www. ruthmoilliet.com

（上图）
艺术装置，灯光的旷野
设计：Bruce Munro
材料 / 工艺：丙烯酸树脂杆，
玻璃球，光学纤维，可变色投
影装置
公司：Bruce Munro Ltd，英国
网址：www. brucemunro.co.uk

（上图）
雕塑，浆果
设计：Rebecca Newnham
材料 / 工艺：镜子，玻璃纤维
高度：100cm（39in）
宽度：100cm（39in）
厚度：100cm（39in）
公司：Rebecca Newnham，
英国
网址：www. rebeccanew-
nham.co.uk

（左图）
**长凳，弯曲的长凳（带有大卵
石）**
设计：Alison Crowther
材料 / 工艺：未干燥的英国橡木
高度：50cm（19in）
长度：15m（49ft）
公司：Alison Crowther，英国
网址：www. alisoncrowther.com

（左图）
雕塑，种子
设计：Ruth Moilliet
材料 / 工艺：钢
直径：65~125cm（25~
49in）
公司：Ruth Moilliet，
英国
网址：www. ruthmoi-
lliet.com

（上图）
雕塑，Allium
设计：Ruth Moilliet
材料 / 工艺：不锈钢
直径：55~200cm（21~
$78^3/_4$in）
公司：Ruth Moilliet，
英国
网址：www. ruthmoi-
lliet.com

（对面页）
雕塑，语法
设计：Steve Tobin
材料 / 工艺：青铜
直径：183cm（72in）
公司：Steve Tobin，美国
网址：www. stevetobin.
com

灯光雕塑，迷人的石头
设计：Peter Freeman
材料／工艺：喷涂混凝土，不锈钢，变色光学纤维
各种尺寸
公司：Peter Freeman，英国
网址：www. peterfree-man.co.uk

雕塑，高地的球
设计：Joe Smith
材料／工艺：Caithness 板岩石
直径：180cm（70in）
公司：Joe Smith，英国
网址：www.joe-smith.co.uk

安迪·斯特金

对于园艺设计师安迪·斯特金（Andy Sturgeon）来说，艺术和设计是他工作中不可或缺的组成部分。正如他所说，"如果你只是被园艺所影响，你将一直在绕圈。我发现艺术和设计是非常有用的灵感来源，举个例子，我在我的园艺设计中植入了很多关于建筑的想法。"谈到灵感，斯特金称他自己是一个"观察者"。他解释道，"我可能会看到一个建筑立面，然后思考'这个可以用在花园的环境中'，或者我从罗斯科（Rothko）的绘画中寻找情绪和氛围，再或者从我去过的酒吧、旅馆的室内环境中提取一些元素，你可以将这些重新使用在一个完全不同的环境中，这些元素可能是比例、曲线或者色彩，它们的加入会将设计变得非常微妙。"

作为英国最著名的当代景观建筑师和设计师之一，斯特金通过他富于想象力的设计作品、书籍、报纸文章和讲座让一些花园重新获得活力，他自 2004 年开始为 Hus Haus 这个国际客户设计花园。斯特金应用自然中的材料，使得自己的当代主义设计作品为城市和乡村空间带来了全新的景观。他的设计在切尔西和汉普顿宫花卉展上赢得了英国皇家园艺学会大奖，

而他也影响并督促年轻的园艺设计师拿起他们的锄头，尽管他可能是第一个承认我们并不是为了简单种植才进入花园的。"我认为，"他说，"我们的花园正变成一种生活方式而不仅是种植（当然这并不是所有人都认同），从某种程度上说，最大的改变是人们对于通常设计的认知不同以往。如果你思考电视节目中的建筑，它们已经如此吸引观众的想象力，而如今园艺也同样开始吸引了观众。"

"思考的墙"是斯特金在 2008 年英国癌症研究院园艺设计中的获奖作品，是他把艺术应用到园艺中的一个很好的例子。它是一个由切割的钢管组成的装饰性的围墙或隔断，呈现出像金银丝工艺品一样的精美造型，在旁边的墙上投射出泡泡形状的影子，精致的蕨类植物环绕其间。"我记得，"斯特金就这个项目解释到，"1960 年代的裙子就是用这种古怪的环做成的，我曾经看到过并留下了记忆，这就是'思考的墙'的要素。"

是花园中的种植和材料完美地展现了艺术，还是艺术本身在景观中就应当占有一席之地呢？"这是不冲突的"他回答说，"花园可以从整体上为雕塑提供很好的条件，但是把雕塑融入到景观中却是另外一件事。我认为比起把雕塑硬生生的置入花园中，并且说'就这样了'，还

不如把艺术性的种植和硬质景观相结合更为合适。如果你把亨利·摩尔（Henry Moore）的作品置入景观中，他的作品将会主宰这片景观。"

"任何花园都不是孤立的，"他继续说，"多种元素的组合以及他们结合在一起的方式使得其成为一个很好的园艺设计。近年来植物可用性的巨大变化使得花园的面貌得到很大改观，当我在 1980 年代从事这项工作时，只能种植灌木和绣线菊等常见的植物，但是现在可选择的种植范围很大。季节变化对于我们的选择也起到重要作用，如果你想现在可以种植一个热带花园（在英国的某些地方），在 20 年前这是不可能的。"

我问斯特金最欣赏谁的设计，他毫不犹豫地说，"托马斯·希瑟韦克（Thomas Heatherwick）"。希瑟韦克是一名年轻的英国设计师，使用创新的设计手段和材料把建筑融入到景观之中。"我赞赏他的一点是，"斯特金说，"他的知识面很广"，可以创作很多东西。"

当我问起未来园艺的趋势时，斯特金显得没有激情。"园艺的创新让我觉得并不是那么舒服，"他说，"我们倾向于使用自然的石头和木材——它们自身并不是创新的，创新的是我们使用它们的方式。"

（左图）
雕塑长椅，喷泉长椅
设计：Charlie Whinney
材料 / 工艺：橡木
高度：290cm（114in）
宽度：340cm（133in）
长度：300cm（118in）
公司：Charlie Whinney Associates，英国
网址：www. charliewhinney.com

（上图）
雕塑，根
设计：Steve Tobin
材料 / 工艺：青铜
高度：366cm（144in）
宽度：488cm（192in）
厚度：427cm（168in）
公司：Steve Tobin，
美国
网址：www. stevetobin.
com

（上图）
雕塑，Alliums
设计：Joe Smith
材料 / 工艺：威尔士板岩石，
不锈钢
直径：27.5cm（11in）
公司：Joe Smith，英国
网址：www.joe-smith.co.uk

（右图）
花瓶，箭尾形图案花瓶
设计：Joe Smith
材料 / 工艺：
Westmoreland 板岩石
高度：60cm（23in）
公司：Joe Smith，英国
网址：www.joe-smith.
co.uk

（上图）
雕塑，有生命的柳条球
设计：Lizzie Farey
材料 / 工艺：柳条
直径：250cm（98in）
公司：Lizzie Farey，英国
网址：www. lizziefarey.co.uk

（上图）
雕塑，紫杉造型
设计：Laura Ellen Bacon
材料 / 工艺：柳条
高度：180cm（70in）
宽度：100 和 120cm（39 和 47in）
厚度：100cm（39in）
公司：Laura Ellen Bacon，英国
网址：www. lauraellenbacon.com

（左图）
雕塑，榛木条
设计：Lizzie Farey
材料 / 工艺：榛木
高度：40cm（$15^3/_4$in）
宽度：45cm（$17^3/_4$in）
长度：60cm（23in）
公司：Lizzie Farey，英国
网址：www. lizziefarey.co.uk

297

（左图）
花园座椅，螺旋长凳
设计：Alison Crowther
材料 / 工艺：未干燥的英国橡木
高度：30~60cm（11³/₄~23in）
宽度（座位）：40cm（15³/₄in）
长度：300cm（118in）
公司：Alison Crowther，美国
网址：www. alisoncrowther.com

（右图）
**长凳，层状的长凳（4
部分）**
设计：Alison Crowther
材料 / 工艺：未干燥的
英国橡木
高度：40cm（15³/₄in）
宽度：50cm（19in）
长度：375cm（148in）
公司：Alison Crowther，
美国
网址：www. alisoncro-
wther.com

（右图）
长凳，情侣座椅
设计：Jake Phipps
材料／工艺：橡木，杉木
高度：50cm（19in）
长度：125cm（49in）
厚度：50cm（19in）
公司：Jake Phipps，英国
网址：www.jakephipps.com

（上图）
双人座椅，情侣座椅
设计：Karen Hansen
材料／工艺：英国橡木，西洋
栗木
高度：140cm（55in）
宽度：120cm（47in）
厚度：60cm（23in）
公司：Karen Hansen，英国
网址：www.karenhansen.co.uk

（右图）
座椅，树下的休憩座椅
设计：Tim Royall
材料／工艺：橡木
高度：90cm（35in）
直径（外部）：200cm
（78in）
公司：Gaze Burvill Ltd，
英国
网址：www.gazeburvill.
com

儿童游乐设施

Play

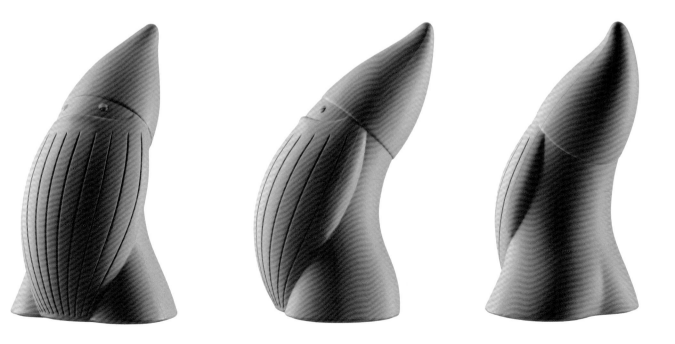

（上图）
**花园秋千，可回收轮胎制成的
小马秋千**
设计：Patrick Palumbo
材料／工艺：橡胶轮胎
高度：60cm（23in）
宽度：50cm（19in）
公司：Hen and Hammock，
英国
网址：www.henandhammock.
co.uk

（上图）
秋千，Keinu
设计：Mikko
Kärkkäinen
材料／工艺：桦木
宽度：19.5cm（7$\frac{5}{8}$in）
长度：75.5cm（29in）
厚度：1cm（$\frac{3}{8}$in）
公司：Tunto Design，
芬兰
网址：www.tunto.com

（右图）
秋千，植物秋千
设计：Marcel Wanders
材料／工艺：聚乙烯，
绳索（座位内部可以
填充土壤和植物种子）
高度：10cm（3$\frac{7}{8}$in）
宽度：75cm（29in）
厚度：23cm（9in）
公司：Droog BV，荷兰
网址：www.groog.com

（左图）
秋千，树叶秋千
设计：Alberto Sánchez
材料 / 工艺：胶木，尼龙绳
高度：30cm（$11^3/_4$in）
长度：70cm（27in）
厚度：35cm（$13^3/_4$in）
公司：Eneastudio，西班牙
网址：www.eneastudio.com

（上图）
灯光 / 秋千，摇摆的灯光
设计：BCXSY
材料 / 工艺：聚氨酯，绳索，LED 灯（充电电池供电）
高度：6cm（$2^3/_8$in）
宽度：60cm（23in）
厚度：35cm（$13^3/_4$in）
公司：Slide srl，意大利
网址：www.slidedesign.it

（左图）
秋千，灯光秋千
设计：Alexander Lervik
材料 / 工艺：丙烯酸树脂，不锈钢，绳索
LED 灯
高度：240cm（94in）
宽度：55cm（21in）
厚度：20cm（$7^7/_8$in）
公司：SAAS instruments，芬兰
网址：www.saas.fi

（左图）
室外乐器，视觉的旋律
设计：Richard Cooke
材料 / 工艺：铝
直径：10cm（4in）
高度：140~270cm
（55~106in）
公司：Freenotes Ltd，
英国
网址：www.freenotes.
eu

（上图）
室外乐器，斯威尔
设计：Richard Cooke
材料 / 工艺：铝
宽度：142cm（56in）
公司：Freenotes Ltd，
英国
网址：www.freenotes.
eu

（对面页）
**花园设计，儿童喜爱的
Marshalls 花园（切尔西
花卉展）**
设计：Ian Dexter of Lime
Orchard
公司：Lime Orchard，英国
Marshalls PLC，英国
网址：www.limeorchard.
co.uk
网址：www.marshalls.co.uk

（左图）
活动式网格状球顶，游戏场的网格状球顶
设计：Asha Deliverance
材料/工艺：粉末彩色涂层钢管
高度：244cm（96in）
直径：457cm（180in）
公司：Pacific Domes，美国
网址：www.pacificdomes.com

（上图）
游戏场，儿童游戏用立体方格铁架
设计：Sehwan Oh, Soo Yun Ahn
材料/工艺：不锈钢，聚碳酸酯
高度：250cm（98in）
宽度：800cm（315in）
厚度：400cm（157in）
公司：OC Design studio，韩国
网址：www. sehwanoh.com

（右图）
儿童座椅，神奇的座椅
设计：Hand Made Places
材料/工艺：欧洲赤松木
高度：30cm（11$^3/_4$in）
宽度：440cm（173in）
厚度：420cm（165$^3/_8$in）
公司：Hand Made Places at Broxap，英国
网址：www. handmade-places.co.uk

（左图）
滑梯，褶皱的滑梯
设计：Walter Jack
Studio
材料 / 工艺：玻璃钢
高度：200cm（78in）
宽度：500cm（196in）
长度：500cm（196in）
厚度：15cm（5⅞in）
公司：Walter Jack
Studio，英国
网址：www. walter-
jack.co.uk

（上图）
**可攀登的大石头，城
堡石头**
设计：Playworld
Systerms
材料 / 工艺：预铸聚
乙烯纤维树脂
高度：264cm（104in）
宽度：142cm（56in）
长度：236cm（93in）
公司：Playworld
Systerms，美国
网址：www. playwor-
ldsysterms.com

（右图）
滑梯，Caracool
设计：Joel Escalona
材料 / 工艺：玻璃纤维，
木材
高度：90cm（35in）
宽度：90cm（35in）
长度：200cm（78in）
公司：Joel Escalona，墨
西哥
网址：www. joelescalona.
com

（上图）
游戏雕塑，大门上的猪
设计：Hand Made
Places
材料／工艺：欧洲赤
松木
高度：110cm（43in）
宽度：150cm（59in）
厚度：20cm（7^7/$_8$in）
公司：Hand Made
Places at Broxap,
英国
网址：www. handma-
deplaces.co.uk

（上图）
游戏雕塑，愤怒的公牛
设计：Hand Made Places
材料／工艺：欧洲赤松木
高度：90cm（35in）
宽度：170cm（66in）
厚度：40cm（15^3/$_4$in）
公司：Hand Made Places at
Broxap，英国
网址：www. handmadeplaces.
co.uk

（左图）
**游戏雕塑／座椅，天鹅
座椅**
设计：Hand Made
Places
材料／工艺：欧洲赤
松木
高度：100cm（39in）
长度：120cm（47in）
宽度：110cm（43in）
公司：Hand Made
Places at Broxap，英国
网址：www. handma-
deplaces.co.uk

（上图）
座椅，Atlas
设计：Giorgio Biscaro
材料 / 工艺：聚乙烯
高度：40cm（15³/₄）
宽度：115cm（45in）
厚度：46cm（18¹/₈）
公司：Slide srl，意
大利
网址：www.slidede-
sign.it

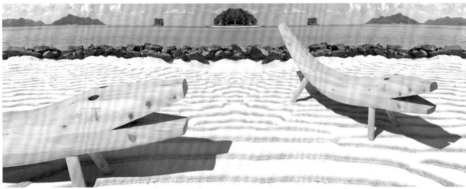

（上图）
沙滩长凳，鳄鱼
设计：De Overkant,
Dussen
材料 / 工艺：松木
高度：60cm（23in）
宽度：30cm（11³/₄in）
长度：160cm（63in）
公司：Freeline
International BV，荷兰
网址：www.enjoyfree-
line.com

（右图）
花园长凳，Bambisitter
设计：De Overkant,
Dussen
材料 / 工艺：松木
高度：35 或 75cm（13³/₄
或 29in）
长度：100 或 140cm（39
或 55in）
公司：Freeline
International BV，荷兰
网址：www.enjoyfreeline.
com

儿童游乐设施

（右图）
室外儿童桌椅，BBO2 桌椅
设计 : Loll Designs and
notNeutral
材料 / 工艺 : 100% 再生
可回收塑料
高度（桌子）:46cm（18in）
高度（椅子）:58cm（23in）
宽度（桌子）:81cm（32in）
宽度（椅子）:34cm（13³/₄in）
厚度（桌子）:81cm（32in）
厚度（椅子）:47cm（18¹/₂in）
公司 : Loll Designs，美国
网址 : www.lolldesigns.
com

（上图）
儿童座椅，Cub
设计 : Daniel Michalik
材料 / 工艺 : 100% 可回收
软木
高度 : 46cm（18in）
宽度 : 33cm（13in）
厚度 : 33cm（13in）
公司 : DMFD Studio，美国
网址 : www.danielmichalik.
com

（上图）
儿童躺椅，聚酯纤维的壳
设计 : Erik Vandewalle
材料 / 工艺 : 聚酯纤维
宽度 : 77cm（30in）
长度 : 170cm（66in）
公司 : Domani，比利时
网址 : www.domani.be

（左图）
儿童摇椅，Italic 儿童椅
设计 : Robin Delaere
材料 / 工艺 : 铝，聚乙
烯纤维，柚木条
高度 : 53cm（20in）
宽度 : 36cm（14¹/₈in）
长度 : 56cm（22in）
Some，比利时
网址 : www.some.be

（左图和右图）
儿童扶手椅，我的第一次转变
设计：Alain Gilles
材料／工艺：旋转式模压低密度聚乙烯
高度：49.1cm（$19^1/_4$in）
宽度：51.6cm（20in）
厚度：48cm（$18^7/_8$in）
公司：Qui est Paul?，法国
网址：www.qui-est-paul.com

（上图）
儿童座椅，小型座椅
设计：Karim Rashid
材料／工艺：注模聚丙烯
高度：46cm（18in）
宽度：48cm（19in）
厚度：53cm（21in）
公司：Offi，美国
网址：www.offi.com

（上图）
室外儿童座椅，儿童的Adirondack
设计：Loll Designs
材料／工艺：100%再生可回收塑料
高度：58cm（$22^3/_4$in）
宽度：48cm（$18^3/_4$in）
厚度：65cm（$25^3/_4$in）
公司：Loll Designs，美国
网址：www.lolldesigns.com

（左图）
可叠放的儿童座椅，Alma
设计：Javier Mariscal
材料／工艺：聚乙烯，玻璃纤维
高度：58cm（22in）
高（座位）：32cm（$12^5/_8$）
宽度：39cm（$15^3/_8$）
厚度：40cm（$15^3/_4$）
公司：Magis SpA，意大利
网址：www.magisdesign.com

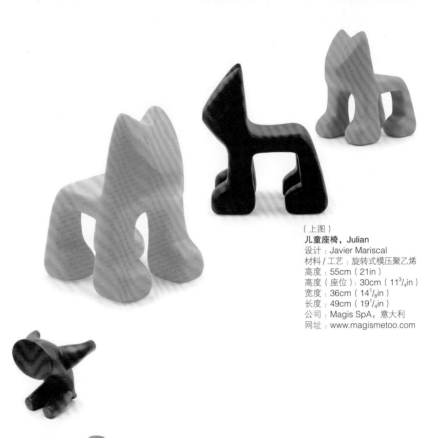

（上图）
儿童座椅，Julian
设计：Javier Mariscal
材料 / 工艺：旋转式模压聚乙烯
高度：55cm（21in）
高度（座位）：30cm（11³/₄in）
宽度：36cm（14¹/₈in）
长度：49cm（19¹/₄in）
公司：Magis SpA，意大利
网址：www.magismetoo.com

（上图）
多功能座椅，Mico
设计：El Ultimo Grito
材料 / 工艺：旋转式模压聚
乙烯
高度：40cm（15³/₄in）
宽度：67cm（26in）
长度：67cm（26in）
公司：Magis SpA，意大利
网址：www.magismetoo.
com

（左图和上图）
儿童座椅 / 摇椅，Trioli
设计：Eero Aarnio
材料 / 工艺：旋转式模压聚乙烯
高度：58cm（22in）
高度（摇椅）：45cm（17³/₄in）
公司：Magis SpA，意大利
网址：www.magismetoo.com

（左图）
抽象塑料狗，小狗
设计：Eero Aarnio
材料 / 工艺：旋转式模压聚乙烯
高度：34.5、45、55.5 或 80.5cm
（$13^3/_4$、$17^3/_4$、22 或 31in）
长度：42.5、56.5、69.5 或
102.5cm（$16^7/_8$、22、27 或 40in）
公司：Magis SpA，意大利
网址：www.magismetoo.com

阿尔贝托·佩拉扎

依照传统来说，儿童玩具的尺寸比例通常是成人产品的缩小版，例如缩小版的模压塑料成人花园家具。但是这样的情况在过去十年间发生了巨大的改变，Magis 公司对于促进这种情况的转变以及对于市场的推动都扮演了重要角色。

作为一个家族产业，意大利北部的 Magis 公司由欧热尼奥·佩拉扎（Eugenio Perazza）创建于 1976 年，欧热尼奥·佩拉扎现在是董事长。他的儿子阿尔贝托现在领导这个创新的、获得不同领域奖项的设计和制造企业。Magis 公司通过把尖端技术转化为大批量生产而确立了自己的地位，它是最早在其产品中使用塑料以及先进模具技术和工艺的公司之一。这个公司中有很多原创型的国际设计师，并且看起来非常善于为合适的项目挑选合适的设计师。Kinstantin Grcic、Richard Sapper、Jasper Morrison、Stefano Giovannoni、Marc Newson 以及 Ron Arad，是这个公司现其中一部分比较稳定的创新设计师，他们的作品不仅包含室内产品还包含室外产品。室内外的界限逐渐变得模糊，正如佩拉扎解释所说的，"在 Magis 公司很难找到室内外设计的区别，我们设计灵活性很强的家具，为室内设计的产品也可用在室外，反之亦然。"这种设计理念适用于公司，同样也适用于家庭。

2004 年，意识到市场上的缺口，佩拉扎推出"Me Too"系列产品，特别为二岁至六岁儿童设计的一系列家具和玩具（"小狗梅吉"是由 Eero Aarnio 设计的，可能是这个系列最受欢迎的产品）。佩拉扎是这个系列的策划者，不想让儿童产品变成成人产品的缩小版，而是想专门为儿童设计。公司开始重新定义儿童产品，聘请了儿童专家，比如 Edward Melhuish，一位伦敦大学的儿童成长专业的教授，以确保玩具具有教育价值——寓教于乐。为什么突然对儿童玩具感兴趣呢？"父母会在儿童身上进行更多的投入，"佩拉扎回答道，"我认为市场一年比一年扩大，是因为儿童的成长环境、语言、社交、情感和智力等方面的发展越来越受到关注。"

Me Too 的设计师都是经过精心细选的，以确保他们确实有这方面的设计天赋。"Javier Mariscal，"佩拉扎举例说，"更像是一个平面设计师和卡通设计师而不是一个工业设计师，能够帮助我们设计出合适的儿童产品，Eero Aarnio 也曾参与到 Me Too 中。我们先是看了他们做过的设计，挑选了这两位设计师，因为他们的设计语言是适合儿童的。"

佩拉扎继续说，"在 Me Too 项目中，我们希望能像儿童设计他们自己的玩具那样进行设计，这一点体现在这套玩具的名字上，这是孩子们希望拥有自己玩具的声音，他们的世界显然与成人世界有区别。"他说，"因为儿童与成人使用家具的方式不同，取一把椅子，缩小它的尺寸，让孩子像父母那样使用它，就像是让你的孩子变成你自己的缩小版，这是错误的。"他引用 Me Too 系列中芬兰设计师 Eero Aarnio 设计的"特奥丽"椅子作为一个例子（获得"金圆规奖"）。这是一个上下颠倒的椅子，适合三种坐姿，当你把它翻过来，它立刻就变成一个摇椅。"我们必须清楚，"Perazza 说，"儿童在二岁至六岁期间成长得很快，为他们设计的东西应该有很强的适用性，与儿童共同成长，并能够吸引他们。"

Megis 公司也设计了一系列室外产品，包括鸟屋、狗舍以及家具。佩拉扎解释说，"我们设计了很多室外使用的产品，我们认为人们在室外花费更多的时间是现在的 一个趋势，在未来更是如此，这将是一个我们长期研究和发展的市场。"

（上图）
模块化娱乐设施，K– 方块
设计：El Uitimo Grito
材料 / 工艺：聚乙烯
高度：77.5cm（30in）
高度（座位）:41cm（$16^1/_8$in）
宽度：47cm（$18^1/_2$in）
公司：Nola，瑞典
网址：www.nola.se

（上图）
凳子，MOV
设计：Mikiya Kobayashi
材料 / 工艺：塑料
高度：60cm（23in）
宽度：28cm（11in）
厚度：16cm（$6^1/_4$in）
公司：Mikiya Kobayashi，日本
网址：www. mikiyakobayashi.com

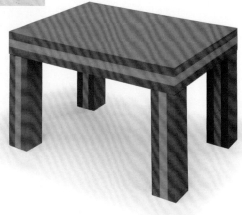

（右图）
儿童桌子，EVA
设计：Lawrence and
Sharon Tarantino
材料 / 工艺：泡沫
高度：44.5cm（$17^1/_2$in）
宽度：55cm（$21^1/_2$in）
厚度：71cm（28in）
公司：Offi，美国
网址：www.offi.com

（右图）
微型凉亭，混凝土圆形舱
设计：Kazuya Morita
材料 / 工艺：纤维加强混凝土
高度：170cm（66in）
直径：170cm（66in）
公司：Kazuya Morita Architecture Studio，日本
网址：www. morita-arch.com

（左图）
巢 / 洞，Nido
设计：Javier Mariscal
材料 / 工艺：旋转式模压聚乙烯
高度：83cm（32in）
宽度：104cm（41in）
长度：150cm（59in）
公司：Magis SpA，意大利
网址：www.magisme-too.com

（上图）
儿童座椅，Mini Tumbly
设计：Annet Neugebauer
材料 / 工艺：聚乙烯
高度：38cm（15in）
宽度：25.5cm（10$^1/_4$in）
厚度：36cm（14$^1/_8$in）
公司：De Vorm，荷兰
网址：www.devorm.nl

（左图）
摇摆的小鸟，Dodo
设计：Oiva Toikka
材料 / 工艺：旋转式模压聚乙烯
高度：58.5cm（23in）
宽度：41.5cm（16$^1/_2$in）
长度：86cm（33in）
公司：Magis SpA，意大利
网址：www.magisme-too.com

（右图）
骑行的小车，Sibis Max
设计：Wolfgang Sirch，Christoph Bitzer
材料 / 工艺：蒸汽压弯白蜡木
高度：37cm（14⅝in）
高度（座位）：23cm（9in）
宽度：25cm（9⅞in）
长度：57cm（22in）
公司：Sirch Holzverarbeitung，德国
网址：www.sirch.de

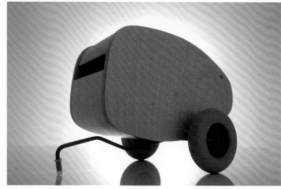

（上图）
拖车，Sibis Lorette
设计：Wolfgang Sirch，Christoph Bitzer
材料 / 工艺：桦木胶合板
高度：32cm（12⅝in）
宽度：33cm（13in）
长度：44cm（17⅜in）
公司：Sirch Holzverarbeitung，德国
网址：www.sirch.de

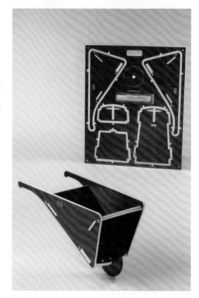

（上图）
儿童独轮手推车（带可倾斜的拖斗）
设计：Franz Sirch
材料 / 工艺：桦木胶合板
高度：42.5cm（16⅞in）
宽度：48.5cm（19¼in）
长度：57cm（22in）
公司：Sirch，德国
网址：www. sirch.de

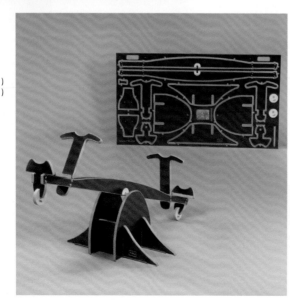

（上图）
独轮手推车（拼图家具），Bene
设计：Jörn Alexander Stelzner
材料 / 工艺：彩色苯酚树脂涂层的桦木贴面胶合板
高度：40cm（15¾in）
宽度：32cm（12⅝in）
长度：53cm（20in）
公司：Tau，德国
网址：www.tau.de

（左图）
拼图家具，跷跷板
设计：Jörn Alexander Stelzner
材料 / 工艺：彩色苯酚树脂涂层的桦木贴面胶合板
高度：68cm（26in）
宽度：60cm（23in）
长度：146cm（57in）
公司：Tau，德国
网址：www.tau.de

（左图）
硬纸板小屋，纸舱
设计：Paul Martin
材料 / 工艺：硬纸板
高度：125cm（49in）
宽度：150cm（59in）
厚度：150cm（59in）
公司：Paperpod
Cardboard Creations
Ltd，英国
网址：www.
paperpod.co.uk

（上图）
**游戏小屋，现代游戏
小屋**
设计：Ryan Grey Smith
材料 / 工艺：外层为冷
杉木的胶合板，树脂
玻璃
高度：193cm（76in）
宽度：224cm（88in）
厚度：112cm（44in）
公司：Modern-Shed，
美国
网址：www.modern-
shes.com

（上图）
定制的游戏屋，Qb
设计：Claudia Keijzers
材料 / 工艺：木材
高度：125cm（49in）
宽度：250cm（98in）
厚度：150cm（59in）
公司：qb, Choose
Build Play!，荷兰
网址：www.quubi.com

（右图）
**简易小车，游戏用简易
小车**
设计：Jesper K. Thomsen
材料 / 工艺：涂漆山毛
榉木
高度：38cm（15in）
宽度：70cm（27in）
厚度：123cm（48in）
公司：Normann
Copenhagen，丹麦
网址：www.normann-
copenhagen.com

儿童游乐设施

（右图）
树屋，Parody Ⅱ
设计：Sanei Hopkins
Architects
材料/工艺：瓦楞电镀不
锈钢
高度：300cm（118in）
直径：150cm（59in）
公司：Sanei Hopkins
Architects，英国
网址：www.saneihopkins.
co.uk

（对面页）
游戏空间，Four×4
设计：Nocturnal Design Lab
材料/工艺：杉木，电镀钢
高度：11.5~488cm（$4^{1}/_{2}$~192in）
宽度：11.5~366cm（$4^{1}/_{2}$~144in）
厚度：11.5~366cm（$4^{1}/_{2}$~144in）
公司：Nocturnal Design Lab，
美国
网址：www. nocturnaldesignlab.
com

（上图）
儿童游戏小屋，梦幻的尖顶
柳条小屋
设计：Judith Needham
材料/工艺：柳条，FSC 认
证松木，Kite 纤维
高度：200cm（78in）
宽度：240cm（94in）
厚度：100cm（39in）
公司：Judith Needham，
英国
网址：www.judithneedham.
co.uk

（右图）
游戏小屋，Parody Ⅰ
设计：Sanei Hopkins
Architects
材料/工艺：木材，玻璃，
瓦楞电镀不锈钢
高度：180cm（70in）
宽度：180cm（70in）
厚度：240cm（94in）
公司：Sanei Hopkins
Architects，英国
网址：www.saneihopkins.
co.uk

（右图）
花园小矮人，3 个组合
（Werner, Heinz 和 Martin）
设计：Formanek.ch
材料／工艺：粉末涂层钢
高度：14cm（5$\frac{1}{2}$in）
公司：Pulpo，德国
网址：www.pulpoproducts.
com

（左图）
手提包，Eding 的野餐
手提包
设计：Tomohiro Kato,
Satoshi Hasegawa
材料／工艺：尼龙
高度（折叠）：25cm
（9$\frac{7}{8}$in）
高度（打开）：30cm
（11$\frac{3}{4}$in）
宽度（折叠）：15cm
（5$\frac{7}{8}$in）
宽度（打开）：33cm
（13in）
厚度（折叠）：10.5cm
（4$\frac{1}{8}$in）
厚度（打开）：9mm
（$\frac{3}{8}$in）
公司：Greener Grass
Design，美国
网址：www.greeener-
grassdesign.com

（左图）
凳子，茶杯凳子
设计：Holly Palmer
材料／工艺：旋转式
模压 MDPE 塑料
高度：41cm（16$\frac{1}{8}$in）
直径：58cm（22in）
公司：Mocha，英国
网址：www.mocha.uk.
com

（右图）
花园小矮人，Baddy
设计：Joe Velluto
材料／工艺：聚乙烯
高度：50cm（19in）
宽度：30cm（11$\frac{3}{4}$in）
公司：Plust
Collection，意大利
网址：www.plust.com

（上图）
凳子，Pello
设计：Enik Österlund
材料 / 工艺：镀锌钢
高度：50cm（19in）
直径：41cm（16$\frac{1}{8}$in）
公司：Nola，瑞典
网址：www.nola.se

（上图）
遮蔽棚，树叶遮蔽棚
设计：Superblue Design Ltd
材料 / 工艺：边缘发光防紫外线丙烯酸树脂，低碳钢，锌和聚酯纤维粉末涂层，不锈钢装置
高度：240cm（94in）
直径：180cm（70in）
公司：Superblue Design Ltd，英国
网址：www. Superblue. co.uk

（左图）
箱子 / 容器，El Baúl
设计：Javier Mariscal
材料 / 工艺：旋转式模压聚乙烯
高度：56cm（22in）
宽度：91cm（35in）
厚度：61cm（24in）
公司：Magis SpA，意大利
网址：www.magismetoo.com

儿童游乐设施

（上图）
健身和休息保健软垫，
Waff® Max
设计：Andy Tomarc
材料 / 工艺：PVC
高度：45m（17³/₄in）
直径：145cm（57in）
公司：Waff，法国
网址：www.waffweb.
com

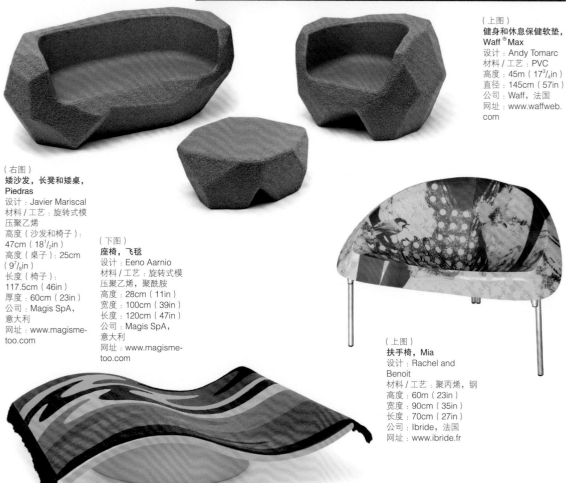

（右图）
矮沙发，长凳和矮桌，
Piedras
设计：Javier Mariscal
材料 / 工艺：旋转式模
压聚乙烯
高度（沙发和椅子）：
47cm（18¹/₂in）
高度（桌子）：25cm
（9⁷/₈in）
长度（椅子）：
117.5cm（46in）
厚度：60cm（23in）
公司：Magis SpA，
意大利
网址：www.magisme-
too.com

（下图）
座椅，飞毯
设计：Eeno Aarnio
材料 / 工艺：旋转式模
压聚乙烯，聚酰胺
高度：28cm（11in）
宽度：100cm（39in）
长度：120cm（47in）
公司：Magis SpA，
意大利
网址：www.magisme-
too.com

（上图）
扶手椅，Mia
设计：Rachel and
Benoit
材料 / 工艺：聚丙烯，钢
高度：60m（23in）
宽度：90cm（35in）
长度：70cm（27in）
公司：Ibride，法国
网址：www.ibride.fr

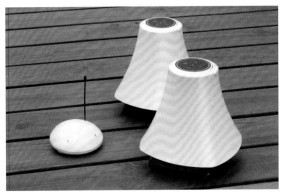

（上图）
室外无线扬声器，AQ
室外无线扬声器
设计：AQ
材料 / 工艺：塑料
高度：20cm（$7^7/_8$）
宽度：6cm（$2^3/_8$）
公司：AQ Speakers，
英国
网址：www.aqsound.
com

（左图）
灯具，BMWV
设计：Moonlight
材料 / 工艺：聚乙烯
电池供电灯具
直径：35、55 或 75cm
（$13^3/_4$、21 或 29in）
公司：Moonlight GmbH，
德国
网址：www.moonlight.info

（左图）
漂浮的无线扬声器，
Aqua 扬声器
设计：Grace Digital
材料 / 工艺：塑料
直径：16.5cm（$6^1/_2$in）
公司：Grace Digital，
美国
网址：www. gracedi-
gitalaudio.com

（上图）
便携式防水扬声器，水滴
设计：Dreams Inc.
材料 / 工艺：塑料
高度：22.5cm（9in）
直径：16.5cm（$6^1/_2$in）
公司：Zumreed，日本
网址：www. zumreed.net

（右图）
室外无线扬声器，
Freewheeler
设计：Ron Arad，
Francesco Pellisari
材料 / 工艺：喷漆木材
宽度：25m（$9^7/_8$in）
直径：58cm（22in）
公司：Viteo Outdoors，
澳大利亚
网址：www.viteo.at

（左图）
带有扬声器的室外灯具，
Ibiza
设计：Francesco Rota
材料 / 工艺：聚乙烯，不
锈钢
1× 最大 20W-E27
高度：70 或 120cm（27
或 47in）
宽度：12cm（4$\frac{3}{4}$in）
公司：Oluce srl，意大利
网址：www.oluce.com

（上图）
扬声器，Zemi
设计：E.Frolet,
F.Pellisari
材料 / 工艺：釉面陶瓷
高度（不包括吊缆）：
23m（9in）
直径：26cm（10$\frac{1}{4}$in）
公司：Viteo
Outdoors，澳大利亚
网址：www.viteo.at

（上图）
开场空间扬声器，Bose
FreeSpace® 51 开敞空间
扬声器
设计：Bose
材料 / 工艺：塑料
高度：38cm（15in）
宽度：37cm（14$\frac{5}{8}$）
公司：Bose，美国
网址：www.bose.co.uk

（右图）
扬声器，室外防水扬声器，
PAN–SPKB
设计：Joe Pantel
材料 / 工艺：聚乙烯石墨
高度：28cm（11in）
宽度：24cm（9$\frac{1}{2}$in）
厚度：19cm（7$\frac{1}{2}$in）
公司：Pantel Corp，美国
网址：www.panteltv.com

（左图）

电影屏幕，开放式屏幕
开放式影院
材料 / 工艺：充气框架
高度（放映面）：152cm（60in）
宽度（放映面）：274cm（108in）
公司：Open Air Cinema，美国
网址：www. openaircinema.us

（上图）

室外无线扬声器系统，流浪者
设计：Soundcast Systerms
材料 / 工艺：高耐冲塑料，防水电
子器件
高度：66cm（26in）
直径（底部）：28m（11in）
公司：Soundcast Systerms，美国
网址：www. soundcastsysterms.
com

（左图）

后院室外影院系统
设计：Frontgate
材料 / 工艺：铝框架
高度：274cm（108in）
宽度：366cm（144in）
公司：Frontgate，美国
网址：www. frontgate.
com

（上图）
**全天候室外 LCD TV，
3230HD**
设计：SunBriteTV
材料 / 工艺：全天候室外
ASA 塑料树脂
高度：56cm（22in）
宽度：82cm（32in）
厚度：15cm（6in）
公司：SunBriteTV，美国
网址：www.sunbritetv.com

（上图）
**全天候室外 HDTV，
PAN321**
设计：Joe Pantel
材料 / 工艺：具有内部温
控系统的铝制外壳
高度：65cm（25in）
宽度（屏幕对角线尺寸）：
81cm（32in）
长度：85cm（33in）
公司：Pantel Corp，美国
网址：www.panteltv.com

（右图）
**全天候室外 LCD TV，
5510HD**
设计：SunBriteTV
材料 / 工艺：粉末涂层铝
高度：84cm（33in）
宽度：133cm（52in）
厚度：20cm（8in）
公司：SunBriteTV，美国
网址：www.sunbritetv.com

（对面页）
全天候室外 HDTV，47"
设计：AQUiVO
材料 / 工艺：玻璃，LED
板，铝
高度：112.3cm（44in）
宽度：66.7cm（26in）
厚度：12cm（4³/₄in）
公司：Aquivo，英国
网址：www.ciao.co.uk

烹饪用具与采暖设施

Cooking and heating

（右图）
室外的餐桌，喷砂的 Plancha 桌
设计：Red Hot Plancha
材料 / 工艺：树脂合成物
高度：72cm（28in）
直径：93~180cm（36in~70in）
公司：The Red Hot Plancha Company，英国
网址：www. redhotplan-cha.com

（上图）
灶台，Menes
设计：Alpina
材料 / 工艺：不锈钢，木材
高度：72.9cm（28in）
宽度：236.3cm（93in）
长度：96.3cm（37in）
公司：Alpina，比利时
网址：www.alpina-grills.be

（左图）
桌子，TepanGrill 烧烤桌
设计：Troy Adarms
材料 / 工艺：亚光，纯黑色花岗石，不锈钢
高度：76cm（30in）
宽度：122cm（48in）
长度：122cm（48in）
公司：Troy Adams Design，美国
网址：www.troyadamsd-esign.com

（上图）
烧烤桌，现场烧烤的桌子
设计：Arnold Merckx
材料／工艺：李叶苏木，铝，
不锈钢
高度：75cm（29in）
宽度：90cm（35in）
厚度：90cm（35in）
公司：Extremis，比利时
网址：www. extremis.be

（上图）
厨房台，Pontile 厨房
设计：Jacques
Toussaint
材料／工艺：不锈钢结
构，伊罗科木板
高度：83cm（32in）
长度：160cm（63in）
厚度：80cm（31in）
公司：Dimensione
Disegno srl，意大利
网址：www.dimensio-
nedisegno.it

（左图）
**带烧烤的灶台，Las
Brisas 92**
设计：Talocci Design
材料／工艺：铝，不锈钢
高度：92~97cm（36~
38in）
长度：142cm（56in）
厚度：70cm（27in）
公司：Foppa Pedretti
SpA，意大利
网址：www.foppape-
dretti.it

331

（右图）
**可定制的室外厨房台，
模块化 Fuego**
设计：Robert Brunner
材料 / 工艺：板岩石，柚
木，铸铁，不锈钢
高度：110cm（43$\frac{1}{4}$in）
宽度：265cm（104$\frac{1}{4}$in）
厚度：127cm（50in）
公司：Fuego North
America，美国
网址：www. fuegoliving.
com

（上图）
**烧烤桌，烧烤桌 / 加热
炉灶**
设计：Henrik Pedersen
材料 / 工艺：不锈钢，钢
高度：20cm（7$\frac{1}{8}$in）
宽度：30cm（11$\frac{3}{4}$in）
长度：60cm（23in）
公司：Design House
Denmark，丹麦
网址：www.designhou-
sedenmark.dk

（左图）
**厨房台，室外厨房洗涤槽，
室外厨房台 62，室外烧
烤台**
设计：Wolfgang Pichler
材料 / 工艺：不锈钢，
柚木
高度：76cm（29in）
宽度：62cm（24in）
长度：270cm（106in）
公司：Viteo Outdoors，
澳大利亚
网址：www.viteo.at

（上图）
室外厨房台，Karna' K
设计：Bruno Houssin
材料/工艺：可回收钢，Trespa®
宽度：（一个模块）65cm（25in）
长度：（一个模块）130cm（51in）
公司：Bruno Houssin，法国
网址：www. brunohoussin.com

（上图）
烧烤台，BBQ
设计：Kodjo Kouwenhoven
材料/工艺：不锈钢，木，钢
高度：45cm（17³/₄in）
宽度：45cm（17³/₄in）
长度：95cm（37in）
公司：Maandag Meubels，荷兰
网址：www.maandagmeubels.nl

（右图）
小号和大号的烧烤架，Röshults 烧烤架
设计：Broberg & Ridderstråle
材料/工艺：粉末涂层铁，不锈钢，锌，铬
高度：80cm（31in）
宽度：50cm（19in）
长度（小号）：50cm（19in）
长度（大号）：125.6cm（49in）
公司：Roshults，瑞典
网址：www.roshults.se

（上图）
聚会烹饪设备，Affinity 30G 灶台
设计：Bob Shingler
材料/工艺：不锈钢
直径：76cm（30in）
公司：Evo, Inc，美国
网址：www.evoamerica.com

（上图）
烧烤台，Echelon 1060i
设计：R.H.Peterson
材料/工艺：不锈钢
高度（操作台以上）：
37cm（14⁵/₈in）
宽度：127cm（50in）
厚度：61cm（24in）
公司：R.H.Peterson，美国
网址：www.fire-magic.co.uk

（右图）
室外厨房台，Kingston 2008
设计：R.H.Peterson
材料/工艺：不锈钢，
柚木，板岩石
高度（操作台）：
95cm（37in）
高度（烧烤罩）：
37cm（14⁵/₈in）
宽度：300cm（118in）
厚度：75cm（29in）
公司：The Lapa Company & R.H.Peterson，
英国与美国
网址：www.fire-magic.co.uk

（上图）
烹饪台，Luxius nr.1
室外烹饪台
设计：Newtrend
材料 / 工艺：天然橡木，不锈钢，花岗岩石，Boretti Black Mezzo Top 烹饪炉
高度：90cm（35in）
厚度：217.5cm（86in）
公司：Luxius Outdoor Kitchens，荷兰
网址：www.luxius.nl

（上图）
烧烤台，Aurora A504i
设计：R.H.Peterson
材料 / 工艺：不锈钢
高度（操作台以上）：37cm（14⁵/₈in）
宽度：81cm（31in）
厚度：50cm（19in）
公司：R.H.Peterson，美国
网址：www.fire-magic.co.uk

（右图）
烧烤台，Electrolux Jeppe Utzon 烧烤台
设计：Jeppe Utzon
材料 / 工艺：Corian®，不锈钢
高度：80cm（31in）
长度：156cm（61in）
厚度：66.2cm（26in）
公司：Electrolux，澳大利亚
网址：www.electrolux.com.au

沃尔夫冈·皮希勒

再没有什么比厨房更能够说明我们室内外空间变化的关系了，在过去十年间，尤其是北欧，人们对室外用餐的态度发生了巨大改变。气候变化对于我们某些人来说，意味着我们现在可以像那些居住在地中海的居民那样生活，室外用餐的兴起，引发了大量创新产品的出现，同时也吸引了大批的工业设计师进行相关的设计。例如 Viteo Outdoors，是一家专营室外家具和设备的公司，这个公司处于室内设计和室外设计结合的前沿位置，沃尔夫冈·皮希勒（Wolfgang Pichler）是这个奥地利公司背后兼具艺术和智慧的设计大师，在这个公司中，材料和工艺都具有当地特色，产品的制作也与当地手工艺人进行合作。

皮希勒最开始学习的是建筑，他在2001 年建立了 Viteo Outdoors 公司。"我当时正在为自己的家买室外家具，"他说，"但是找不到我喜欢的，所以我决定开始自己设计。一开始，室内的元素被搬到室外，然后发现了不同的新型材料，室内和室外的概念开始互相渗透。这对家具公司来说是新的领域，确实也是一个快速增长的市场。"他继续说，"就个人来讲，我一直被室外吸引着，我也一直认为室内空间和室外空间应该有着一种互补的关系，同时也应该有着密切的联系，这就是我在我的建筑项目上想要实现的东西。"

室外烹饪不再仅仅限定于烧烤，你可以把整个厨房，包括冰箱、洗涤槽、菜板以及尖端的操作台面和设备搬到花园中，现在你可以在花园中烹饪你的美食。皮希勒为 Viteo Outdoors 公司设计的厨房是一个模块化系统，可以根据自己的烹饪习惯进行定制。它包括烧烤架、铁板烧架、洗涤槽和宽大的工作台面。"我们都愿意待在室外，"皮希勒说，"花些时间在室外对每个人来说都很重要，而在室外做一些你平时只在户内做的事，比如烹饪，实在是令人兴奋。就设计所要考虑的因素来说，除了要考虑到一些雨水、阳光、灰尘和风的影响，几乎跟设计室内厨房一样，你必须找到合适的材料和设备。然而，我们在室外烹饪的方式与在室内烹饪有着大大不同，在这种情况下，"他说，"好的设计是对我们如何在室外使用厨房有着充分考虑的。"

"混凝土烤火台"（见 351 页）是 Viteo Outdoors 公司最新的室外取暖和烹饪系列产品，这是皮希勒与奥地利设计师格尔德·罗森劳尔（Gerd Rosenauer）和制造商 Concreto 共同合作的结果。这同样是一个模块化的系统，包括取暖设备、烹饪设备和座椅设施，但是却拥有着简洁的造型，以及结实的、具有雕塑感的品质，这些是用很出乎意料的混凝土材料制成。作为一名建筑师，Picher 说他对混凝土具有与生俱来的亲近感，称赞它"真实、可靠并具有岁月积累所能呈现出的独特魅力。"

"混凝土烤火台"是为室外休闲所设计的，是一个基于篝火的概念并有些超现代的设计，简约到只剩下本质。"这个设计的想法，"皮希勒说，"是从材料和设计的简洁出发，例如用火这样的元素与纯粹的设计相结合，很新颖。尽管围绕在篝火旁听起来很原始，但是却相当吸引人。"现在篝火的创意很流行，Extremis 公司制作了一个巨大的烤火盆称作 Qrater，而 Tulp 公司设计了"莲花"烤火盆（见 351 页）。

皮希勒对于 Viteo Outdoors 公司的设计美学是如何定义的呢？"自然"他说，"直线对于大自然来说不是陌生的。"甚至盛开的花朵也会有一些几何美感的元素。"我们设计的每一件东西，"他说，"都遵循了 Viteo 的哲学：对材料的使用要真实、有节制以及准确。我个人总是试图在我的设计中寻求逻辑和可供理解的元素。"

（左图）
室外烹饪台，烹饪台XL/ 家居产品
设计：Wolfgang Pichler
材料 / 工艺：不锈钢
高度：95cm（45in）
高度：（包含洗涤槽）：
115cm（45in）
长度：139cm（55in）
公司：Viteo Outdoors，澳大利亚
网址：www.viteo.at

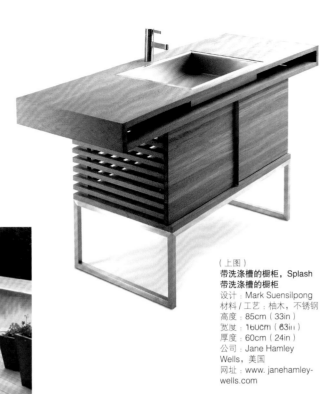

（上图）
**带洗涤槽的橱柜，Splash
带洗涤槽的橱柜**
设计：Mark Suensilpong
材料 / 工艺：柚木，不锈钢
高度：85cm（33in）
宽度：160cm（63in）
厚度：60cm（24in）
公司：Jane Hamley
Wells，美国
网址：www. janehamley-
wells.com

（上图）
**烧烤台，四个灶头的烧
烤台**
设计：Henrik
Pedersen
材料 / 工艺：不锈钢
高度：82.5cm（32in）
宽度：50cm（19in）
长度：100cm（39in）
公司：Design House
Denmark，丹麦
网址：www.designhou-
sedenmark.dk

（右图）
**室外吧台和 Margarita
中心**
设计：Twin Eagles
材料 / 工艺：不锈钢
宽度（室外吧台）：
72cm（28$\frac{1}{2}$in）
厚度（室外吧台）：
25cm（10in）
宽度（Margarita 中心）：
42cm（16$\frac{1}{2}$in）
厚度（Margarita 中心）：
25cm（10in）
公司：Twin Eagles，美国
网址：www. twineagle-
sinc.com

（左图）
**室外冰柜，24" 室外
冰柜**
设计：Kalamazoo
Outdoor Gourmet
材料 / 工艺：不锈钢
高度：86cm（34in）
宽度：61cm（24in）
厚度：61cm（24in）
公司：Kalamazoo
Outdoor Gourmet,
美国
网址：www. kalama-
zoogourmet.com

（上图）
**室外冰箱，48" 室外玻璃
门冰箱和冷冻抽屉**
设计：Kalamazoo
Outdoor Gourmet
材料 / 工艺：不锈钢，
玻璃
高度：86cm（34in）
宽度：122cm（48in）
厚度：61cm（24in）
公司：Kalamazoo
Outdoor Gourmet, 美国
网址：www. kalamazoo-
gourmet.com

（右图）
**室外冷藏酒柜，24" 冷藏
酒柜**
设计：Kalamazoo Outdoor
Gourmet
材料 / 工艺：不锈钢，玻璃
高度：87cm（34$\frac{1}{4}$in）
宽度：61cm（24in）
厚度：61cm（24in）
公司：Kalamazoo Outdoor
Gourmet，美国
网址：www. kalamazoogo-
urmet.com

（左图）
**室外啤酒机，24" 室
外啤酒机**
设计：Kalamazoo
Outdoor Gourmet
材料 / 工艺：不锈钢
高度（柜体）：86cm
（34in）
宽度：61cm（24in）
厚度：61cm（24in）
公司：Kalamazoo
Outdoor Gourmet，
美国
网址：www. kalama-
zoogourmet.com

（上图）
**冰箱 / 啤酒机，48" 啤酒
机和玻璃门冰箱**
设计：Kalamazoo
Outdoor Gourmet
材料 / 工艺：不锈钢
高度：86cm（34in）
长度：122cm（48in）
厚度：61cm（24in）
公司：Kalamazoo
Outdoor Gourmet，美国
网址：www. kalamazoo-
gourmet.com

（右图）
室外冰箱
设计：Twin Eagles
材料 / 工艺：不锈钢
高度：88cm（34$^1/_2$in）
宽度：62cm（24$^1/_2$in）
公司：Twin Eagles，
美国
网址：www. twineag-
lesbbq.com

（上图）
燃气烧烤台，Diamento™
设计：Pininfarina
材料 / 工艺：钢
高度：112cm（44in）
长度（最大）：210.5cm
（82in）
厚度：73.5cm（29in）
公司：Coleman，意大利
网址：www.coleman.eu

（上图）
室外烧烤台，9000X
设计：Electrolux
材料 / 工艺：不锈钢，柚木
高度：99cm（39in）
长度：160cm（63in）
厚度：89cm（35in）
公司：Electrolux，意大利
网址：www.electrolux.co.uk

（右图）
烧烤中心，Grillzebo™
材料 / 工艺：金属，纤维，石材
LED 灯
高度：231cm（91in）
宽度：262cm（103in）
长度：152cm（60in）
公司：Brookstone，美国
网址：www. brookstone.com

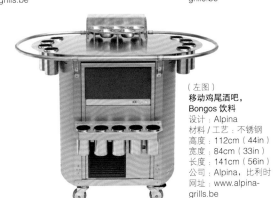

（左图）
移动烹饪单元，
Bongos BG002
设计：Alpina
材料 / 工艺：不锈钢
高度：103cm（41in）
宽度：77.5cm（30in）
长度：174cm（68in）
公司：Alpina，比利时
网址：www.alpina-
grills.be

（上图）
厨具，Suzette
设计：Alpina
材料 / 工艺：不锈钢，
木材
高度：85cm（33in）
长度：147.4cm（58in）
宽度：66.5cm（26in）
公司：Alpina，比利时
网址：www.alpina-
grills.be

（左图）
移动鸡尾酒吧，
Bongos 饮料
设计：Alpina
材料 / 工艺：不锈钢
高度：112cm（44in）
宽度：84cm（33in）
长度：141cm（56in）
公司：Alpina，比利时
网址：www.alpina-
grills.be

（左图）
移动酒窖，Bongos 酒
设计：Alpina
材料 / 工艺：不锈钢，
玻璃
高度：111cm（44in）
宽度：159cm（63in）
长度：106cm（42in）
公司：Alpina，比利时
网址：www.alpina-
grills.be

（上图）
**室外电动烧烤架，Fuego
电动 02**
设计：Robert Brunner
材料 / 工艺：板岩石，
柚木，铸铁，不锈钢
高度：93cm（36$\frac{1}{2}$in）
宽度：70cm（27$\frac{1}{2}$in）
厚度：83cm（32$\frac{1}{2}$in）
公司：Fuego North
America，美国
网址：www. fuegoliving.
com

（上图）
室外烧烤架，Fuego 01
设计：Robert Brunner
材料 / 工艺：板岩石，
柚木，铸铁，不锈钢
高度：90cm（35$\frac{1}{4}$in）
长度：91cm（35$\frac{1}{2}$in）
厚度：101cm（39$\frac{5}{8}$in）
公司：Fuego North
America，美国
网址：www. fuegoliving.
com

（右图）
室外烧烤架，T– 烧烤架
设计：Grand Hall
材料 / 工艺：钢，不锈钢
高度：117cm（46in）
长度：114cm（45in）
厚度：71cm（28in）
公司：Grand Hall，荷兰
网址：www. grandhall.eu

（上图和左图）
独立烧烤架，Edo 烧烤架
设计：Kalamazoo
Outdoor Gourmet
材料 / 工艺：不锈钢
高度：97cm（38^1/$_4$in）
宽度：123cm（48^1/$_2$in）
宽度（打开）：200cm
（78in）
厚度：80cm（31^1/$_2$in）
公司：Kalamazoo
Outdoor Gourmet，
美国
网址：www. kalamaz-
oogourmet.com

（右图）
室外烧烤架，不锈钢
烧烤架
设计：Ralph Kraeuter
材料 / 工艺：不锈钢
高度：89cm（35in）
宽度：87cm（34in）
厚度：51cm（20in）
公司：Radius
Design，德国
网址：www.radius-
design.com

烹饪用具与采暖设施

（右图）
烧烤台，Dancook 1800
设计：Dancook
材料 / 工艺：不锈钢
直径：58cm（22in）
公司：Dancook，丹麦
网址：www.dancook. dk

（上图）
烧烤台，BBQ02
设计：Stefano Gallizioli
材料 / 工艺：不锈钢，钢，Corian®
高度：112cm（44in）
宽度：61cm（24in）
长度：112cm（44in）
公司：Coro，意大利
网址：www.coroitalia.it

（上图）
篝火，Dancook 9000
设计：Dancook
材料 / 工艺：不锈钢
高度：50cm（19in）
宽度：71.5cm（28in）
厚度：71.5cm（28in）
公司：Dancook，丹麦
网址：www.dancook. dk

（右图）
烧烤台和烹饪台，Dancook 烹饪台
设计：Dancook
材料 / 工艺：花岗岩石，不锈钢，铝
宽度（桌面）:62cm（24in）
长度（桌面）:62cm（24in）
直径（烧烤架）：58cm（22in）
公司：Dancook，丹麦
网址：www.dancook.dk

（上图）
室外烧烤架，烧烤架
设计：Robert Brunner
材料 / 工艺：不锈钢，黄金
叶栗木，铸铁
高度：92cm（36in）
宽度：69cm（27in）
厚度：69cm（27in）
公司：Element by Fuego，
美国
网址：www. elementbyf-
uego.com

（上图）
烧烤台，Tondo Maxi
设计：Marco Ferreri
材料 / 工艺：不锈钢
高度：101cm（40in）
直径：55cm（21in）
公司：Dimensione
Disegno srl，意大利
网址：www.dimensio-
nediscgno.it

（左图）
平顶烧烤架，Evo
设计：Alpina
材料 / 工艺：钢
直径：76.2cm（29in）
公司：Alpina，比利时
网址：www.alpina-
grills.be

烧烤架，Blitz 烧烤架
设计：Ralph Kraeuter
材料 / 工艺：不锈钢，铸铁
高度：86.5cm（34in）
宽度：38cm（15in）
厚度：56cm（22in）
公司：Radius Design，德国
网址：www.radius-design.com

（上图）
**便携式燃气烧烤架，
都市男孩野餐烧烤架**
设计：Klaus Aalto
材料 / 工艺：钢，不锈
钢，橡木，普里默斯
燃气炉
高度：22cm（8$\frac{5}{8}$in）
宽度：18cm（7$\frac{1}{8}$in）
厚度：18cm（7$\frac{1}{8}$in）
公司：Selki-Asema，
芬兰
网址：www.selki-
asema.fi

（上图）
**燃气烧烤台，Alessi 烧烤
台**
设计：Piero Lissoni
材料 / 工艺：涂漆钢，不
锈钢
高度：38.5cm（15$\frac{3}{8}$in）
宽度：40cm（15$\frac{3}{4}$in）
长度：69.5cm（27in）
公司：Alessi with
Fochista，意大利
网址：www.alessi.com

（左图）
烧烤台，Taurus
设计：Michael Sieger
材料 / 工艺：钢
高度：99cm（39in）
宽度：95cm（37in）
厚度：48cm（18$\frac{7}{8}$in）
公司：Conmoto，德国
网址：www.conmoto.com

346

（左图和下图）
模块化手推车式烧烤架，Alessi 烧烤架
设计：Piero Lissoni
材料／工艺：涂漆钢，
热塑性树脂
高度（垂直排列）：
81.5cm（32in）
高度（水平排列）：
46cm（18$\frac{1}{8}$in）
宽度（垂直排列）：
44.5cm（17$\frac{3}{4}$in）
宽度（水平排列）：
75.5cm（29in）
长度（垂直排列）：
79cm（31in）
长度（水平排列）：
80.5cm（32in）
公司：Alessi with
Fochista，意大利
网址：www.alessi.
com

（上图）
烧烤台，热水烧烤台
设计：Marco Sangiorgi
材料／工艺：不锈钢，木材
高度：79cm（31in）
宽度：75cm（29in）
厚度：130cm（51in）
公司：Beltempo，秘鲁
网址：www.beltempo.org

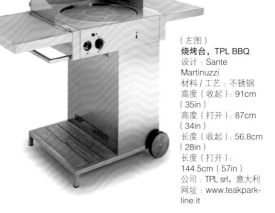

（左图）
烧烤台，TPL BBQ
设计：Sante
Martinuzzi
材料／工艺：不锈钢
高度（收起）：91cm
（35in）
高度（打开）：87cm
（34in）
长度（收起）：56.8cm
（28in）
长度（打开）：
144.5cm（57in）
公司：TPL srl，意大利
网址：www.teakpark-
line.it

（左图）
烧烤台，Quadro
设计：Adalberto Mestre
材料／工艺：涂漆钢
高度：120cm（47in）
宽度：50cm（19in）
厚度：50cm（19in）
公司：Dimensione Disegno srl，意
大利
网址：www.dimensionedisegno.it

（右图）
燃气烧烤架, 美食(Eva Solo)
设计：Tools, Henrik Holbaek Claus Jensen
材料 / 工艺：不锈钢
高度：80cm（31in）
直径：60cm（23in）
公司：Eva Denmark A/S，丹麦
网址：www.evadenmark.com

（上图）
桌面烧烤台，To Go（ Eva Solo ）
设计：Tools, Henrik Holbaek, Claus Jensen
材料 / 工艺：瓷，不锈钢
高度：20cm（7⁷/₈in）
直径：31cm（12¹/₄in）
公司：Eva Denmark A/S，丹麦
网址：www.evadenmark.com

（上图）
火炉，魔法
设计：Fried Ulber
材料 / 工艺：不锈钢
高度：57cm（22in）
宽度：40cm（15³/₄in）
厚度：34cm（13³/₈in）
公司：Conmoto，德国
网址：www.conmoto.com

（左图）
火盆 / 烧烤架，烧烤架
设计：Möbel-Liebschaften
材料 / 工艺：氧化钢
高度：25cm（9⁷/₈in）
宽度：45cm（17³/₄in）
长度：95cm（37in）
公司：Möbel-Liebschaften，德国
网址：www.moebel-liebschaften.de

（左图）
**比萨烤箱，Artisan 室外比
萨烤箱**
设计：Kalamazoo
Outdoor Gourmet
材料 / 工艺：不锈钢，合
成材料烘烤石
高度：45cm（17³/₄in）
宽度：74cm（29¹/₄in）
厚度：75cm（29¹/₂in）
公司：Kalamazoo
Outdoor Gourmet，美国
网址：www. kalamazoo-
gourmet.com

（上图）
室外火炉烧烤架，Bon-fire
设计：René Stage,
Torben Eriksen
材料 / 工艺：钢
高度：140cm（55in）
直径：70cm（27in）
公司：Bon-fire，丹麦
网址：www.bon-fire.dk

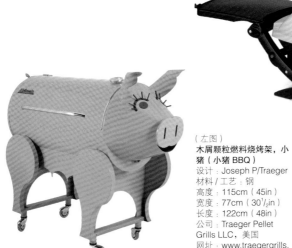

（左图）
**木屑颗粒燃料烧烤架，小
猪（小猪 BBQ）**
设计：Joseph P/Traeger
材料 / 工艺：钢
高度：115cm（45in）
宽度：77cm（30¹/₂in）
长度：122cm（48in）
公司：Traeger Pellet
Grills LLC，美国
网址：www.traegergrills.
com

（上图）
**烧烤台，Weber® Q™
200**
设计：Weber
材料 / 工艺：铸铝，搪瓷
铸铁，玻璃纤维增强尼龙
框架，不锈钢
高度：66.1cm（26in）
宽度：80.5cm~130.6cm
（31in~51in）
厚度：61.6cm（24in）
公司：Weber，美国
网址：www.weber.com

（左图）
火炉，Gry II
设计：Wodkte
材料 / 工艺：预处理铁
锈色钢
高度：133.8cm（53in）
宽度：47cm（18$\frac{1}{2}$in）
厚度：47cm（18$\frac{1}{2}$in）
公司：Wodkte GmbH，
德国
网址：www.wodtke.com

（右图）
**手推车火炉，
Kaminholzwagen**
设计：Michael Rösing，
Michael Schuster
材料 / 工艺：钢
高度：110cm（43in）
宽度：41cm（16$\frac{1}{8}$in）
长度：41cm（16$\frac{1}{8}$in）
公司：Radius Design，
德国
网址：www.radius-
design.com

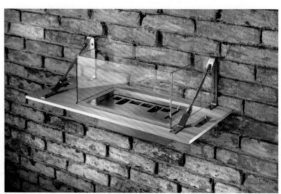

（上图）
火炉，G 火焰墙
设计：Giulio
Gianturco
材料 / 工艺：铝，不锈
钢，玻璃陶瓷 Schott®
高度：22cm（8$\frac{5}{8}$in）
长度：78cm（30in）
厚度：35cm（13$\frac{3}{4}$in）
公司：Dimensione
Disegno srl，意大利
网址：www.
dimensionedisegno.it

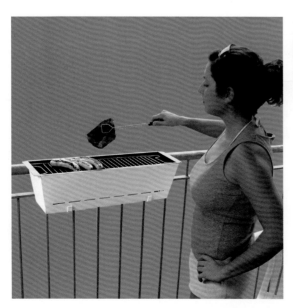

（左图）
烧烤架，Bruce
设计：Henrik Johannes Drecker
材料 / 工艺：钢
高度：20cm（7$\frac{7}{8}$in）
宽度：22cm（8$\frac{5}{8}$in）
长度：65cm（25in）
公司：Astor Wohnideen，德国
网址：www.design-3000.de
网址：www.astor-wohnideen.de

（上图）
桌子，混凝土烤火台140
设计：Wolfgang Pichler
材料 / 工艺：混凝土
高度：20cm（$7^7/_8$in）
宽度：103cm（41in）
长度：140cm（55in）
公司：Viteo Outdoors，
奥地利
网址：www.viteo.at

（上图）
火盆，莲花
设计：Roderick Vos
材料 / 工艺：铸铝
高度：76cm（29in）
直径：105cm（$34^3/_8$in）
公司：Tulp，荷兰
网址：www.tulp.eu

（左图）
火盆，Qrater
设计：Dirk Wynants
材料 / 工艺：耐候钢
高度：25cm（$9^7/_8$in）
直径：145cm（57in）
公司：Extremis，比利时
网址：www.extremis.be

（上图）
火炉，Gollnick
设计：Carsten Gollnick
材料 / 工艺：涂漆钢，不锈钢
高度：29cm（$11^3/_8$in）
直径（最外侧）：69cm（27in）
公司：Conmoto，德国
网址：www.conmoto.com

（上图）
火景小品，莲花碗
设计：Elena Colombo
材料 / 工艺：不锈钢
直径：122cm（48in）
公司：Colombo Construction
Corp.，美国
网址：www.firefeatures.com

（右图）
火景小品，方形碟
设计：Elena Colombo
材料 / 工艺：不锈钢
宽度：152cm（60in）
长度：152cm（60in）
公司：Colombo Construction
Corp.，美国
网址：www.firefeatures.com

（上图）
火盆，Terra
设计：Ralph
Kondermann
材料／工艺：涂漆钢
高度：30cm（11$^3/_4$in）
直径：42cm（16$^1/_2$in）
公司：Blomus
GmbH，德国
网址：www.blomus.
com

（右图）
火把灯笼，Glow
设计：Eva Schildt
材料／工艺：粉末涂
层铝
高度：54 或 124cm
（21 或 49in）
直径：51cm（20in）
公司：Flora With.
Förster GmbH &
Co.KG，德国
网址：www.flora-
online.de

（上图）
火笼，Baron
设计：Röshults
材料／工艺：铁
高度：105cm（41in）
直径：50cm（19in）
公司：Röshults，瑞典
网址：www. roshults.se

（左图）
火炉，Fera
设计：Sebastian David
Büscher
材料／工艺：不锈钢
高度：26cm（10$^1/_4$in）
直径：46cm（18$^1/_8$in）
公司：Conmoto，德国
网址：www.conmoto.com

烹饪用具与采暖设施

（右图）
火景雕塑，火堆
设计：Cathy Azria
材料 / 工艺：钢
宽度（火堆架）：40cm
（15³/₄in）
宽度（火堆坑）55cm
（21in）
长度（火堆架）：65cm
（25in）
长度（火堆坑）100cm
（39in）
公司：BDesign，英国
网址：www.bd-designs.
co.uk

（上图）
火景雕塑，平板
设计：Cathy Azria
材料 / 工艺：钢
高度：75cm（29in）
直径：70cm（27in）
公司：BDesign，英国
网址：www.bd-design.co.uk

（右图）
火炉，零
设计：Matteo Galbusera，
Ivano Losa
材料 / 工艺：钢
高度：40cm（15³/₄in）
直径：145cm（57in）
公司：Ak47，意大利
网址：www.ak47space.com

（下图）
便携式火炉，生态小型火炉 Cyl
设计：The Fire Company
材料 / 工艺：不锈钢，钢化玻璃
高度：53.3cm（20in）
直径：44cm（17³/₈in）
公司：The Fire Company，澳
大利亚
网址：www.ecosmartfire.com

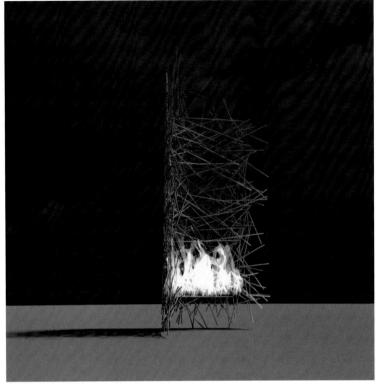

（上图）
火景小品，树枝墙
设计：Elena Colombo
材料 / 工艺：不锈钢
高度：274cm（108in）
宽度：244cm（96in）
公司：Colombo Construction
Corp.，美国
网址：www.firefeatures.com

（左图）
火炉，Takibi
设计：Michael Koenig
材料 / 工艺：粉末涂层钢
高度：119cm（47in）
宽度：28cm（11in）
长度：67cm（26in）
公司：Artepuro，德国
网址：www.artepuro.de

（左图）
火炉和座椅，点
设计：Studio Aisslinger
材料 / 工艺：钢，玻璃，纤维
高度（火炉）：64cm（25in）
高度（圆凳）：43cm（$16^7/_8$in）
直径（火炉）：54cm（$17^3/_4$in）
直径（小圆凳）:40cm（$15^3/_4$in）
直径（大圆凳）：70cm（27in）
公司：Conmoto，德国
网址：www.conmoto.com

（上图）
火炉，立方体 XT
设计：Jan des Bouvrie
材料 / 工艺：不锈钢
高度：123.5cm（49in）
宽度：70cm（27in）
厚度：20cm（$7^7/_8$in）
公司：Safretti BV，荷兰
网址：www.safretti.com

（上图）
火炉，Curva
设计：Jan des Bouvrie
材料 / 工艺：粉末涂层钢
高度：70cm（27in）
宽度：70cm（27in）
厚度：17.5cm（$6^7/_8$in）
公司：Safretti BV，荷兰
网址：www.safretti.com

（右图）
火炉，火坛
设计：Christophe Pillet
材料 / 工艺：混凝土，玻璃
高度：77.1cm（30in）
直径：41cm（$16^1/_8$in）
公司：Planika，波兰
网址：www.planikafires.com

（左图）
火炉，Uni 火焰
设计：Radius Design
材料 / 工艺：钢
高度：46cm（18¹/₈in）
宽度：40cm（15³/₄in）
长度：99cm（39in）
公司：Radius Design，德国
网址：www.radius-design.com

（下图）
移动式火炉，旅行伴侣
设计：Stuio Vertijet
材料 / 工艺：粉末涂层钢，不锈钢，玻璃，陶瓷
高度：50cm（19in）
宽度：70cm（27in）
厚度：20cm（7⁷/₈in）
公司：Conmoto，德国
网址：www.conmoto.com

（上图）
火景小品，火圈
设计：Elena Colombo
材料 / 工艺：考顿钢
直径：61~183cm（24~72in）
公司：Colombo Construction Corp.，美国
网址：www.firefeatures.com

（右图）
火炉，urBonfire
设计：Michael Hilgers
材料 / 工艺：抛光不锈钢，硼硅玻璃
高度：47cm（18¹/₂in）
直径：47cm（18¹/₂in）
公司：Rephorm，德国
网址：www.rephorm.de

（上图）
火炉，Quadro
设计：Conmoto
材料 / 工艺：黑色涂漆钢，
不锈钢
高度：16cm（6$^1/_4$in）
宽度：34cm（13$^3/_8$in）
厚度：21cm（8$^1/_4$in）
公司：Conmoto，德国
网址：www.conmoto.com

（上图）
火景小品，枝型槽
设计：Elena Colombo
材料 / 工艺：不锈钢
长度：244cm（96in）
公司：Colombo Construction
Corp，美国
网址：www.firefeatures.com

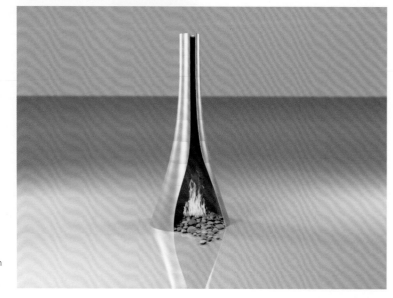

（右图）
火景小品，Stack 火景
设计：Elena Colombo
材料 / 工艺：不锈钢
高度：274cm（108in）
公司：Colombo Construction
Corp.，美国
网址：www.firefeatures.com

（下图）

火炉，Spot
设计：Jos Muller
材料／工艺：实心涂漆钢
高度：106cm（42in）
宽度：80cm（31in）
厚度：40cm（15³/₄in）
公司：Harrie Leenders
Haardkachels BV，荷兰
网址：www.leenders.nl

（上图）

火炉，灯塔
设计：Jos Muller
材料／工艺：铸铝
高度：210cm（82in）
直径：74cm（29in）
公司：Harrie Leenders
Haardkachels BV，荷兰
网址：www.leenders.nl

（右图）

带烧烤功能的火炉，Lumos
设计：Jos Muller
材料／工艺：铸铝
高度：214.5cm（84in）
宽度：52cm（20in）
厚度：55.5cm（22in）
公司：Harrie Leenders
Haardkachels BV，荷兰
网址：www.leendcrs.nl

索 引

图片来源

The publisher would like to thank the designers, the manufacturers and the following photographers for the use of their material.

10-11: Joost van Brug
12 bottom: Mia Serra
13 bottom: © Adam Booth
14 top: Simon Devitt
25 top: Joost van Brug
28 top: Andy Sturgeon
42 top: James Hacker
66 top: Gerard van Hees
82 bottom right: Gianluca Ruocco Guadagno
88 middle right: Morgane Le Gall
92 middle: Morgane Le Gall
101 top: Steve Gunther
102 top: © Charlotte Rowe Garden Design
108 top: John Ellis
108 bottom: JD Petersen
109 top: Murray Fredericks
110 top: Dean Bradley
111 top left: Patrick Redmond
111 top right: Patrick Redmond
121 top: © Kenkoon
126 top: Shane Kohatsu
131 top right: Helen PE
146 top: Rene van der Hulst
147 top: Steve Speller
149 top: photographed by Liesa Cole and Tony Rodio of Omni Studios, styled by Chatham Hellmers
152 bottom: Ingmar Cramers
179 bottom: David Levin
182 top: Erich Wimberger
182 bottom: EGO Paris-A. Chideric-Studio Kalice-www.kalice.fr
183 top and middle: Variant srl
185 bottom: Sandro Paderni
196 middle: © Kenkoon
202 top: Studiopiù Communication srl, emupress@studiopiu.org
205 middle: Alessandro Paderni
209 middle: Marc Eggimann © Vitra 2009
213 middle right: Paul Tahon and Ronan & Erwan Bouroullec © Vitra
225 bottom: John Curry
228 middle: Sandro Paderni
233: Jäger & Jäger
234 top: Anice

Hoachlander
237: George Logan
238 top right: Jäger & Jäger
240 middle: Alasdair Jardine
240 bottom: Alasdair Jardine
241 top: Alasdair Jardine
242 middle: Fabienne Delafraye
247: Dennis Beauvais
251 top: photos courtesy of Solardome Industries Limited
252 top: Steffen Jaenicke
257 top: Eric Staudenmaier
257 bottom: Miran Kambic
258 top: Michael Jones
260 top: Ph. Giovanni De Sandre
260 middle: Ph. Giovanni De Sandre
261 top: Edmund Sumner
269 top: Gerard van Hees
272 middle: Raffaella Sirtoli
276 top: Jonathan Turner
278 top: Terry Rishel
281 left: Guus Rijven
285 bottom: Anthony Crook
290 middle: Steve Speller
291 middle: David Bird
293: Kenneth Ek
296 top: George Erml
302 bottom: photo by Robaard/Theuwkens, styling by Marjo Kranenborg, CMK
315 top: Ichiro Sugioka
318 middle: Ulla Nyeman
337 top: © Kenkoon
348 bottom: Olympia Sprenger/Hamburg